ISBN 978-3-662-28108-6   ISBN 978-3-662-29616-5 (eBook)
DOI 10.1007/978-3-662-29616-5

III. Über die Bedeutung der Redoxkatalysatoren für Bakterien und Bakterienenzyme, unter besonderer Berücksichtigung der bakteriellen Anaerobiose.

Von

KARL HEINRICH BÜSING-Marburg.

(Aus dem Hygienischen Institut der Universität Marburg-Lahn.
Direktor: Professor Dr. med. WILHELM PFANNENSTIEL.)

Mit 8 Abbildungen.

Inhalt.

	Seite
I. Die älteren Arbeiten	93
II. Oxydation und Reduktion	99
III. Der biologische Substratangriff	101
a) Hydrolasen	101
b) Dehydrasen	102
c) Gelbe Fermente und Diaphorase	102
d) Das Cytochrom- und Häm-Häminsystem	103
IV. Die Bakterienenzyme	104
V. Niedermolekulare Katalysatoren	108
a) Die C_4-Dicarbonsäuren	109
b) Die Thiolkörper	110
c) Die Askorbinsäure	113
VI. Askorbinsäure und Anaerobenwachstum	118
VII. Über Askorbinsäurebildung durch Bakterien aus Zuckerarten	128
VIII. Schluß	132
Literatur	133

I. Die älteren Arbeiten.

Seit der seiner Zeit Aufsehen erregenden Entdeckung PASTEURS (1—8) über die Existenz von Lebewesen, die nur unter Sauerstoffausschluß eine vegetative Lebenstätigkeit zu entfalten vermögen, hat das Problem der Anaerobiose immer wieder die Aufmerksamkeit der biologischen Wissenschaften erregt und allmählich auch außerhalb der Bakteriologie allgemeinbiologische Bedeutung gewonnen.

Es schien zunächst naheliegend, die Anaerobiose der Aerobiose als etwas grundsätzlich Gegenteiliges gegenüberzustellen; die Versuchsergebnisse von NENCKI (1, 2) und LACHOWICZ, KABRHEL und BURRI sprachen anfänglich dafür, daß der absolute Sauerstoffausschluß die optimalen Lebensbedingungen für Anaerobier schaffe. Aber schon bei diesen Versuchen fiel auf, daß geringste Mengen von Sauerstoff die Lebenstätigkeit der Anaerobier unter bestimmten

Bedingungen offenbar nicht ungünstig beeinflußten. Diese Erscheinung wurde anfangs so gedeutet, daß der für Anaerobier als Gift wirkende Sauerstoff in kleinsten Mengen eine Reizwirkung entfalte und bei den betreffenden Keimen entsprechende Gegenreaktionen auslöse, die in einem verstärkten Wachstumsimpuls ihren Ausdruck fänden. Weitere Untersuchungen von CHUDIAKOW, sowie BURRI und KÜRSTEINER zeigten jedoch, daß bei einer nicht restlosen Entfernung des Sauerstoffes aus den Anaeroben-Kulturmedien, bzw. nach nur kurz dauernder Einhaltung streng anaerober Verhältnisse und nachfolgendem ungehinderten Luftzutritt das anaerobe Wachstum weit üppiger vor sich geht als unter Beibehaltung des völligen Sauerstoffausschlusses. Insbesondere die von BURRI und KÜRSTEINER einwandfrei gesicherte Tatsache, daß zur Einleitung des Anaerobenwachstums in flüssigen Nährmedien lediglich für die erste Zeit (12—14 Stunden) der Entwicklung streng anaerobe Verhältnisse notwendig sind, im Anschluß daran aber Sauerstoffzutritt das Wachstum der Kulturen begünstigt, verdient im Hinblick auf die in neuerer Zeit unter Verwendung von Redox-Systemen gewonnenen Einblicke ganz besondere Beachtung. Auf der gleichen Ebene liegt die Feststellung von CHUDIAKOW, daß bei fortschreitendem Wachstum der Anaerobenkulturen der O_2-Druck im Kulturmedium schrittweise bis auf das 10fache des sonst erträglichen O_2-Partialdruckes ohne Schädigung des Keimwachstums gesteigert werden kann.

Wenn auch zunächst an der „Reizwirkung" des Sauerstoffes festgehalten wurde, so zeigten doch diese Versuche immerhin schon, daß die Anaerobiose gegenüber der Aerobiose nur einen graduellen und nicht etwa prinzipiellen Unterschied darstellt und zwar insofern als der Sauerstoffpartialdruck, der von verschiedenen Bakterienkulturen (aeroben wie anaeroben) vertragen wird, von der obligaten Aerobiose über die fakultative zur obligaten Anaerobiose eine graduelle Abnahme erkennen läßt. Schon WUND konnte eine skalenmäßige Einteilung der verschiedensten Bakterien nach der Verträglichkeit verschiedener Sauerstoffdrucke vornehmen. Die zur Erklärung der Anaerobiose aufgestellten Theorien insbesondere betreffend ihren integrierenden Zusammenhang mit der Gärung (PASTEUR, V. NÄGELI) haben sich nicht aufrecht erhalten lassen, seit erkannt wurde, daß Gärung keineswegs grundsätzlich „Leben ohne freien Sauerstoff" sei. Die Tatsache, daß die Anaerobiose wirklich bei einigen Bakterien, z. B. B. aerogenes (ESCHERICH) und Rauschbrandbacillus [TH. SMITH (1, 3)], an die gleichzeitig durch sie bewirkte Gärung geknüpft ist, hat keine allgemeingültige Bedeutung für das eigentliche Wesen der Anaerobiose.

Ausgehend von den natürlichen, vegetativen Existenzbedingungen der Anaerobier in der Außenwelt wiesen PASTEUR, KEDROWSKI und SCHOLTZ darauf hin, daß streng anaerobe Bakterien in flüssigen Nährmedien bei Luftzutritt ungehindert gedeihen, wenn gleichzeitig gewisse andere aerobe Keime anwesend sind, ja, daß unter diesen Verhältnissen selbst mäßige Durchleitung von Sauerstoff durch das Kulturmedium das Anaerobenwachstum nicht schädige. Während PASTEUR und SCHOLTZ diese Erscheinung mit der Sauerstoffzehrung der aeroben Keime erklärten — eine Ansicht, welche bis in die neueste Zeit erhalten blieb —, begründete KEDROWSKI diesen Vorgang mit der „Absonderung fermentartiger Stoffe" von den betreffenden Aerobiern, welche in der Lage seien, Sauerstoff zu binden, wodurch das Wachstum der Anaerobier gewährleistet würde. Obwohl sich diese letztere Ansicht nicht allein hypothetisch sehr wohl vertreten ließ, sondern auch durch die Tatsache, daß Anaerobier auch in Nährmedien, die tote Anaerobier oder deren Stoffwechselprodukte enthalten, zur Entwicklung gelangen, bewiesen werden konnte, geriet diese Anschauung weitgehend in Vergessenheit. Wir wissen heute, daß es sich bei den von KEDROWSKI als fermentartig bezeichneten Stoffen, um reduzierende, leicht autoxydable Substanzen handelt, die in jeder Bakterienkultur während des Wachstums entstehen. Diese Tatsache ist die Begründung dafür, daß es NOVY, KITT und BRAATZ gelang, Anaerobier bei Luftzutritt in frischen Nährlösungen zu züchten, wenn gleichzeitig genügend anaerobeneigene Stoffwechselprodukte mit übertragen wurden.

Die Wachstumsbegünstigung durch eigene und fremde Bakterienstoffwechselprodukte ist nicht nur bei Anaerobiern bekannt, sondern wurde auch bei Aerobiern beobachtet, wo diese Erscheinung allerdings meist nicht so auffällig ist, da von der Anwesenheit bzw. von dem Fehlen dieser Stoffe unter sonst günstigen Nährbodenverhältnissen die Lebenstätigkeit der Aerobier nicht unbedingt abhängig ist. So wurde von BUCHNER über besonders üppiges Wachstum von Choleravibrionen in einem sterilisierten Nährboden, der schon einmal mit Choleravibrionen bewachsen war, berichtet. CARNOT sah ähnliche Verhältnisse bei Züchtung von Tuberkelbacillen in tuberkulinhaltigen Nährböden. — Beobachtungen über eine günstige Beeinflussung des Wachstums einer Keimart durch eine andere liegen in großer Anzahl vor (TURRÒ, KORCZYNSKI, SANARELLI, ATLASOFF, HILBERT, STUTZER). Von gewisser Bedeutung ist diese Erscheinung für die Biologie der Influenzabacillen und deren Verwandte, bei welchen das Zusammenleben mit Staphylococcus pyogenes aureus (GRASSBERGER, CHON und PREYSS) oder Diphtheriebacillen (WOLF, J., KALKBRENNER) zu einer wesentlichen Begünstigung des Wachstums führt. Die Tatsache, daß dieser Wachstumsimpuls auch in Gegenwart abgetöteter Bakterien eintritt (CANTANI, LUERSSEN), ließ es naheliegend erscheinen, daß die Wachstumsbegünstigung nicht an die Lebensfähigkeit solcher ,,Ammenbakterien" (NEISSER) gebunden, sondern auf gelöste Stoffwechselprodukte derselben zurückzuführen ist; im Hinblick auf später zu erläuternde Befunde ist es bemerkenswert, daß diese wachstumsbegünstigenden Substanzen als thermolabil erkannt wurden und besonders reichlich in der Kulturflüssigkeit von B. prodigiosus und Staphylococcus aureus aufgefunden wurden (CANTANI, LUERSSEN). Gerade auf die angebliche ,,Sauerstoffzehrung" des B. prodigiosus gründete FORTNER später sein Verfahren zur Anaerobenzüchtung dieser Keimart. Hervorgehoben zu werden verdient die Tatsache, daß eine gegenseitig begünstigende Wirkung verschiedener Bakterien im allgemeinen nur dann einzutreten scheint, wenn es sich um Arten handelt, die möglichst verschiedenartige Lebensbedingungen und Nährsubstrate bevorzugen; so zeigen eine ausgesprochene Neigung zur Symbiose mit anderen Keimarten obligate Aerobier (z. B. Influenzabakterien) und obligate Anaerobier, während innerhalb der großen Gruppe der fakultativen Anaerobier gegenseitig begünstigende Wirkungen gegenüber antagonistischen Tendenzen zurücktreten. Der Antagonismus, welcher besonders bei nahe verwandten Arten aufzutreten pflegt, kann in einer Konkurrenz um Nährsubstrate wegen der Gleichheit oder Ähnlichkeit des Substratangriffes begründet sein, im übrigen jedoch auch durch aggressive Enzyme der einen Art gegenüber der anderen, durch p_H- oder r_H-Verschiebung, die der unterliegenden Art nicht zusagen usw., verursacht werden (über antagonistische Wirkungen von Bakterien untereinander s.

BITTER, PRINGSHEIM (1, 2), VAN DER REIS, BONHOFF, FERLITO, NISSLE, McNAIR SCOTT, ALBERT, SIROTININ, HAJÓS, EMMERICH und LOEW, BERTARELLI u. a.). Die Art der von den meisten Bakterien gebildeten reduzierenden Substanzen, denn um solche handelt es sich bei dem wirksamen Prinzip der Wachstumsbegünstigung in Anaerobierkulturen, ist bis zur Zeit noch nicht aufgeklärt worden. Dagegen hat man schon frühzeitig versucht, Anaerobier durch Zusatz wohl definierter reduzierender Stoffe zum Nährboden im Wachstum anzuregen. KITASATO und WEYL verwendeten zu diesem Zweck Brenzkatechin, Resorcin, Hydrochinon, Pyrogallol, Na-Formiat, Benzaldehyd, Acetaldehyd und Amidophenol (Eikonogen) in 0,1%iger Lösung, Indigotetrasulfonat in 0,3%iger Lösung. Besonders der letztere Stoff, der heute als Redoxindikator Verwendung findet, fiel diesen Autoren eben wegen dieser Eigenschaft der Reduzierbarkeit und Reoxydierbarkeit auf. Solche Redoxindikatoren haben seitdem in der Bakteriologie zur Erkennung von Reduktionsleistungen der Bakterien eine breite Verwendung gefunden (Neutralrot, Methylenblau, Lackmus), zur Einleitung des Anaerobenwachstums zog man sie jedoch in der Folgezeit kaum noch heran. Hierfür gelangten anderen reduzierende Substanzen, wie Na_2S (TRENKMANN, MANTEUFEL), Ammoniumsulfit (RIVAS, HAMMERL), Natriumsulfit (HATA), Ferroammoniumsulfat [LIEFMANN (1, 2)] u. a. zeitweilige in Anwendung. Alle diese Verfahren wurden jedoch in der Praxis verdrängt durch die Entdeckung von TAROZZI, daß sich Anaerobier leicht in einer Bouillon züchten lassen, die ein Stückchen tierisches (Organ-) Gewebe enthält, z. B. Leber, Niere, Milz. Die reduzierende Wirkung von Organstückchen wird durch Erhitzen, selbst bis auf 120—140° [WRZOSEK (1, 2, 3)], nicht aufgehoben; im Gegenteil, kann eine durch längeres Stehen an der Luft unwirksam gewordene Leberbouillon durch Wiederaufkochen zur Anaerobenzüchtung wieder geeignet gemacht werden. Ähnliche Reduktionswirkungen übt auch Blut oder Hirnbrei aus (v. HIBLER). Der wesentliche praktische Vorteil bestand darin, daß zum Anaerobennährboden nunmehr nur vollbiologische Substanzen verwendet und jegliche Keimschädigung oder sonstige unerwünschte Nebenwirkungen vermieden wurden, was bei Anwendung der oben genannten Chemikalien nicht immer der Fall ist. Für wissenschaftliche Untersuchungen, die der Aufklärung über das Wesen der Anaerobiose dienen, sind jedoch solche Nährmedien, die nur mit Unbekannten arbeiten, nicht geeignet. Um auf diesem Wege weiter zu kommen, wurde erst in neuerer Zeit wieder an die älteren Untersuchungen, die wohldefinierte chemische Substanzen zur Anaerobenzüchtung verwendeten, angeknüpft; und zwar konnten jetzt biologische Stoffe, denen jede keimschädigende Nebenwirkung fehlt, und die sogar in der Biologie anderer Lebewesen eine bedeutende Rolle spielen, in der Anaerobenzüchtung angewendet werden. Bevor jedoch hierauf näher eingegangen werden kann, ist es notwendig, darauf hinzuweisen, daß bereits beim Studium des Verwendungsstoffwechsels sowie der „Atmung" gewisser Bakterien bemerkenswerte Einblicke in oxydative, reduktive und hydrolytische Prozesse gewonnen werden konnten.

Die Ernährung der Bakterien dient in der gleichen Weise wie die der höheren Lebewesen der Energielieferung für dynamische und plastische Leistungen. Der Energieaufwand für Vermehrung und Wachstum ist in Bakterienkulturen im Verhältnis zum Energieverbrauch für Wärmeerzeugung, Bewegung und sonstige dynamische Leistungen gering. [ARNAUD und CHARRIN (1, 2), RUBNER (1, 2),

TANGL). Auf die plastische Quote des Stoffwechsels entfallen nach RUBNER etwa nur $1/8$—$1/3$ des gesamten Energieverbrauches. Messungen der Atmung (O_2-Aufnahme, CO_2-Abgabe) bei Aerobiern ergaben, daß weit mehr Sauerstoff aufgenommen wird, als in der ausgeschiedenen Kohlensäure erscheint [HESSE (1—5)]. Bei Angebot von gärfähigem Material kann sich das Verhältnis jedoch umkehren. Die starke Sauerstoffretention nichtgärender Bakterienkulturen wurde mit dem Wachstum in Verbindung gebracht, als bemerkt wurde, daß sie zur Zeit des stärksten Wachstums ihren höchsten Wert erreicht. Man betrachtete daher die Intensität des Gaswechsels als einen brauchbaren Maßstab für die Wachstumsintensität der Bakterienkulturen, da man annahm, daß der retinierte Sauerstoff zum Aufbau der Bakterienleibessubstanz Verwendung finde [STOKLASA, A. MÜLLER, SCHITTENHELM und SCHROETER (1,2), RIEMER].

Einige mit dem Sauerstoffverbrauch in Zusammenhang stehende oxydative Leistungen der Bakterienzelle konnten durch Vitalfärbungen sichtbar gemacht werden (z. B. „Nadireaktion") (W. H. SCHULTZE, GRÄFF, KRAMER, RHEIN). Hierher gehört ferner die Methämoglobinbildung durch Streptokokken und Pneumokokken. Bei der Oxydation des Hämoglobins zu Methämoglobin unter der Einwirkung von Bakterienfermenten handelt es sich um einen reversiblen Prozeß, der durch Sauerstoffzutritt oder Sauerstoffabschluß alternierend beeinflußt werden kann[1]. Oxydative Leistungen von Aerobiern in Gegenwart von Sauerstoff konnten gegenüber einer großen Anzahl von Testsubstraten nachgewiesen werden, nicht ohne daß hierbei recht erhebliche Unterschiede in den Ergebnissen und Deutungen der verschiedenen Untersucher zu beobachten waren. Der unterschiedliche Ausfall der experimentellen Untersuchungen war, wie man heute wohl sagen kann, häufig methodisch bedingt. Einheitliche Arbeitsbedingungen wurden erst nach Einführung des Redoxbegriffes geschaffen, und die so ausgerichteten Untersuchungen beginnen erst in neuester Zeit zu sinnvollen Ergebnissen zu führen.

Zur Aufklärung des Bakterienstoffwechsels haben jedoch schon seit langem die Reduktionsleistungen der Bakterien in viel größerem Maße als ihre oxydativen Fähigkeiten beigetragen.

Zur Verfolgung von bakteriellen Reduktionsleistungen eignen sich insbesondere die „Küpenfarbstoffe", worauf in anderem Zusammenhang schon EHRLICH hingewiesen hat. Sie lassen sich leicht reduzieren und oxydieren, wobei sie meistens Färbung und Entfärbung, selten Farbumschläge, je nach ihrem Oxydations- bzw. Reduktionszustand erkennen lassen und in ihrer reduzierten Phase meist autoxydabel sind; kurz, es handelt sich um solche Farbstoffe, die wir heute unter dem Begriff „Redoxindikatoren" zusammenfassen. — Die ersten Versuche, reduzierende Leistungen von Bakterien mittels eines Redoxindikators zu verfolgen, sind bereits vor 100 Jahren von HELMHOLTZ gemacht worden; er beobachtete die Entfärbung von Lackmuslösung in faulendem Material. CAHEN prüfte diese Erscheinung bei verschiedenen isolierten aeroben und anaeroben Bakterienarten mit Lackmus, Indigokarmin und Methylenblau, BEHRING mit Lackmus und Rosolsäure. Die Tatsache, daß bei den Reduktionsleistungen der meisten Bakterien der Potentialbereich des Methylenblaus fast stets erreicht oder durchschritten wird, ließ gerade diesen Farbstoff als besonders leicht reagierenden

---

[1] Literatur siehe bei KOLLE, KRAUS, UHLENHUTH: Handbuch der pathogenen Mikroorganismen. Jena 1929.

Reduktionsindikator besonders geeignet erscheinen. Die meisten Untersuchungen, welche sich mit bakteriellen Reduktionsleistungen beschäftigten, wurden mit Methylenblau als Indikator angestellt [SPINA, BAGINSKY, PETRUSCHKY, SMITH (2), KASHIDA, ROSIN, F. MÜLLER (1, 2), NEISSER und WECHSBERG (1, 2)]. Während man anfangs glaubte (CAHEN), die Reduktionsfähigkeit einer Bakterienart mit ihren anaerobiotischen Eigenschaften in Zusammenhang bringen zu können, zeigten später TH. SMITH (2), WICHERN und F. MÜLLER (1, 2), daß zwischen Anaerobiose und Reduktionsfähigkeit keine unmittelbaren Beziehungen bestehen, sondern daß vielmehr diese Fähigkeit — ebenso wie die zu oxydativen Leistungen — mit der Wachstumsintensität der Bakterienkulturen parallel geht. SCHARDINGER gründete auf die Methylenblaureduktion das bekannte indirekte Keimzählungsverfahren in Milch. Die Deutung der SCHARDINGER-Reaktion ist lange umstritten geblieben [GÒZONY und KRAMER, THORNTON und HASTINGS, BARTHEL (1, 2)]. Auch heute ist über die dabei wirksamen Enzyme [Aldehydmutasen, Aldehydrasen, s. bei FRANKE (2)] noch keine endgültige Klärung herbeigeführt worden. Obwohl über die chemische Natur der von den Bakterien gebildeten reduzierenden Substanzen selbst heute relativ wenig bekannt ist, steht schon seit langem fest, daß es sich ebenso wie bei den Redoxindikatoren, die zu ihrem Nachweis dienen, teilweise um autoxydable Substanzen handelt [MAASSEN (1, 2)]. Die hohe Labilität dieser Verbindungen gegen (Luft-) Sauerstoff brachte es mit sich, daß z. B. keimfreie Filtrate von Bakterienkulturen, die vor der Filtration stark reduzierten, diese Eigenschaft vermissen ließen; diese Erscheinung gab immer wieder Anlaß zu der Behauptung, daß die Reduktion eines Redoxindikators unmittelbar durch das Bakterienprotoplasma bzw. durch die darin enthaltenen und nicht abtrennbaren Enzyme zustande gebracht würde [EHRLICH, SPINA, TH. SMITH (2), ROTHBERGER]. Man verband mit dieser Erscheinung ferner die Vorstellung, daß es sich dabei um den sichtbar gemachten Prozeß der Sauerstoffübertragung an die Bakterienzelle handle, die auf diesem Wege auch unter anaeroben Bedingungen den für sie notwendigen Sauerstoff für sich frei machen könne. Daß diese Vorstellung nur bedingt richtig sein kann, geht aus der Tatsache hervor, daß z. B. Methylenblau weder in der oxydierten noch viel weniger in der reduzierten Phase Sauerstoff enthält, worauf schon im Jahre 1901 MICHAELIS hingewiesen hatte (betreffend Definition der Oxydation und Reduktion s. unten). Gegenüber der Anschauung, daß das Bakterienprotoplasma selbst bzw. die intrazellulären Enzyme die Reduktionsleistungen vollbringen, konnten ROZSAHEGI, BAGINSKY, F. MÜLLER (1, 2), WOLFF, WICHERN und FRED nachweisen, daß die Reduktion vorwiegend durch das Auftreten reduzierender Stoffwechselprodukte, die aus dem Nährsubstrat gebildet werden, bedingt ist (s. a. bei OBERSTADT, Lit.). Fast allen diesen Arbeiten lag die Vorstellung zugrunde, daß die Reduktionsleistungen der Bakterien der Freimachung gebundenen Sauerstoffes aus den Nährsubstraten diene. Man bezeichnete daher diesen Prozeß auch als intramolekulare Atmung [PASTEUR (1—8), EHRLICH]. BIELING suchte mit Hilfe eines sauerstoffhaltigen Reduktionsindikators (1-Nitroanthrachinon-7-sulfosaures Natrium) den Nachweis zu führen, daß die Reduktion dieses Stoffes gleichbedeutend mit intramolekularer Sauerstoffaufnahme durch die Bakterienzelle (Abspaltung von O_2 aus der Nitrogruppe) sei. Die hier entwickelten Darlegungen basieren noch auf der irrtümlichen Annahme, daß der von MEYERHOF gefundene und von HOPKINS und DIXONS isolierte „Atmungskörper" = Gluthathion ebenfalls als „intramolekularer" Sauerstoffspender fungiere. Abgesehen davon stellte sich bei späteren Nachprüfungen heraus, daß die Reduktion von Nitroanthrachinon keineswegs nur durch die lebende Bakterienzelle, sondern schon durch die Nährlösungen selbst (z. B. Serumbouillon) hervorgerufen werden kann (KNÖLL). Nitroanthrachinon verhält sich also nicht anders als die übrigen Reduktionsindikatoren. Die Frage, ob ein Redoxindikator entfärbt wird oder nicht, ist, wie wir heute wissen, lediglich eine Frage des Redoxpotentials der reagierenden Stoffe; wenn man also den Begriff der Atmung dahingehend formuliert, daß es sich um einen Vorgang handelt, welcher der Sauerstofflieferung für biologische Prozesse dient, so sollte man ihn nur für solche Prozesse anwenden, bei welchen der molekulare Sauerstoff, gleichviel welcher Herkunft, wirklich integrierender Bestandteil ist, d. h. z. B., daß eine Wasserstoffbeseitigung nur über die Vereinigung mit Sauerstoff bewerkstelligt werden kann. Dies trifft für lebenswichtige Stoffwechselvorgänge einiger Aerobier in der gleichen Weise zu wie für höhere Lebewesen; jedoch ist für die meisten Aerobier wie für die Anaerobier der molekulare Sauerstoff nicht unbedingt erforderlich. Insbesondere können reduzierende Substanzen auch völlig ohne oxydative oder reduktive Stoffwechselprozesse, z. B. durch Decarboxylierung entstehen, z. B.

$$CH_3 \cdot CO \cdot COOH \rightarrow CH_3 \cdot CHO + CO_2$$

die ihrerseits irgendeinen Redoxindikator von genügend positivem Potential reduzieren können, gleichviel ob er Sauerstoff enthält oder nicht. Ob die Reduktion des Farbstoffes im einzelnen Fall tatsächlich erfolgt, hängt von der thermodynamischen Möglichkeit der betreffenden Reaktion: Redsubstanz-Indikator, von der Aktivität der Redsubstanz, von der herrschenden Wasserstoffionenkonzentration usw. ab, jedoch wiederum nicht davon, ob nun Sauerstoff oder Wasserstoff übertragen wird. Dasselbe gilt natürlich, wenn man die Farbstoffreduktion als unmittelbare Fermentreaktion (Dehydrasewirkung auf den Redoxindikator) ansieht. Die Bezeichnung „Atmung" sollte daher nur in dem engeren Sinne LAVOISIERs Anwendung finden [vgl. WARBURG (8)]. Es ist daher auch nicht möglich von einer Atmung der Anaerobier unter anaeroben Verhältnissen zu sprechen, wenn die unter O_2-Ausschluß in beschränktem Umfang noch vor sich gehenden Oxydationsprozesse gemeint sind. Unter äußeren aeroben Bedingungen aber „atmen" sowohl Aerobier wie Anaerobier, wobei allerdings zu bedenken ist, daß wahrscheinlich nicht alle sauerstoffzehrenden Substanzen, die in einer Bakterienkultur auftreten können, bei ihrer Oxydation durch Luftsauerstoff für den Bakterienstoffwechsel von Bedeutung sind. Ob daher der gesamte Sauerstoffverbrauch noch als „Atmung" zu bezeichnen ist, scheint doch mehr als fraglich. Ja, der Sauerstoffverbrauch einer bakterienhaltigen Flüssigkeit ist noch nicht einmal an die Anwesenheit lebender Bakterien gebunden; selbst absterbende und abgestorbene Bakterien „atmen" noch [EHRISMANN (1)].

II. Oxydation und Reduktion.

1. Eine Oxydation kann bestehen in Anlagerung von Sauerstoff: $Cu + O = CuO$.
2. Eine Oxydation kann bestehen in der Abgabe von Wasserstoff:

$$COOH(CH_2)_2COOH = COOH(CH)_2COOH + H_2.$$
Bernsteinsäure   Fumarsäure

3. Eine Oxydation kann bestehen in Valenzwechsel: $Cu - 2e = Cu^{++}$ oder $Cu^+ - e = Cu^{++}$.

Die zuletzt genannte Definition hat den Vorzug, daß sie die unter 1. und 2. angeführten Vorgänge in sich schließt und daher umfassender ist. Da aber besonders in biologischen Systemen die meisten Oxydationen tatsächlich nach dem Schema der Dehydrierungen verlaufen, ist es für ihre Betrachtung anschaulicher und auch meist ausreichend, sie als Dehydrierungen aufzufassen. Aus der Tatsache, daß die meisten Bakterien sowohl zu aerober wie anaerober Existenz befähigt sind und eigentlich nur ein sehr kleiner Teil derselben strenge Aerobier sind, läßt sich folgern, daß die meisten biologischen Oxydationsprozesse ebenso gut in Sauerstoffanwesenheit wie -abwesenheit verlaufen, vorausgesetzt, daß im letzteren Falle ein anderer Wasserstoffacceptor, z. B. Methylenblau, vorhanden ist:

Oxydation von Äthylalkohol mittels Sauerstoff:

$$CH_3CH_2OH + 1/2 O_2 = CH_3COH + H_2O$$

oder:

Oxydation von Äthylalkohol ohne Sauerstoff, an Stelle dessen Methylenblau als Wasserstoffacceptor:

$$CH_3CH_2OH + Mb = CH_3COH + H_2 \cdot Mb.$$

Tatsächlich verlaufen viele bakterielle Oxydationsprozesse in Anwesenheit eines Wasserstoffacceptors unter anaeroben Bedingungen in gleicher Weise wie in Anwesenheit von Sauerstoff (FRIEDEMANN); allerdings können quantitative Unterschiede vorhanden sein. Wichtig ist gegenüber älteren Vorstellungen, daß auch die sog. obligaten Anaerobier zu oxydativen Leistungen befähigt sind (REUTER, SPÖRRI), und nicht etwa nur aus hydrolytischen „Gärungs"-Vorgängen ihre Stoffwechselenergie beziehen, die zwar im Bakterienstoffwechsel anteilmäßig eine größere Rolle spielen als bei den Metazoen.

Es ergibt sich somit, daß es nicht umfassend genug ist zu sagen, daß der Sauerstoff in freier oder abspaltbarer Form ein integrierender Bestandteil des Oxydationsvorganges ist. Vielmehr kommt es, zumindest primär, auf die Anwesenheit eines geeigneten Wasserstoffacceptors an, unbeschadet der Tatsache, daß dies in manchen Fällen nur der Sauerstoff sein kann. In wie starkem Maße die Lebenstätigkeit von der Anwesenheit eines Wasserstoffacceptors abhängt, geht auch daraus hervor, daß lebende Zellen in der Lage sind mangels eines geeigneten Wasserstoffacceptors dieselbe Substanz gleichzeitig zu oxydieren und zu reduzieren, wobei je ein Molekül als Wasserstoffdonator (Oxydation) und je ein Molekül als Wasserstoffacceptor (Reduktion) dienen muß, z. B. nach Art der CANIZZAROschen Umlagerung:

$$CH_3COH + H_2O = CH_3COOH + H_2$$
$$CH_3COH + H_2 = CH_3CH_2OH.$$

Dieser Vorgang wird im biologischen Milieu z. B. durch Aldehydmutasen (prosthetische Gruppe = Co-Zymase) katalysiert (DIXON). Eine weitere sehr eigentümliche Möglichkeit, sich des bei Oxydationsprozessen abgespaltenen Wasserstoffes wenigstens teilweise zu entledigen, besteht bei einer Reihe von Bakterien, insbesondere aber bei Anaerobiern, darin, daß sie ihn in gasförmiger

Form abscheiden, und zwar entweder gebunden als CH_4, H_2S oder frei als H_2 (s. unten).

Die meisten Stoffumsetzungen zum Zwecke der Energielieferung müssen ebenso wie bei allen anderen Lebewesen auch bei den Bakterien durch Fermente induziert bzw. beschleunigt werden. Nur einige energieliefernde Prozesse verlaufen (mit der genügenden Geschwindigkeit) ohne Beteiligung von Fermenten. Bei der biologischen Oxydation spielen jedoch außer Fermenten noch andere organische und anorganische Katalysatoren eine Rolle [z. B. C_4-Dikarbonsäuren, v. SZENT-GYÖRGYI (3), oder Askorbinsäure, Glutathion, v. EULER (2)], denen gerade im Bakterienstoffwechsel wahrscheinlich eine noch bedeutungsvollere Rolle zukommt, als in dem der Metazoen.

III. Der biologische Substratangriff.

Was zunächst die Fermentwirkungen im Rahmen der *biologischen Oxydation* anlangt, so handelt es sich hier im wesentlichen und vor allem primär um die Wasserstoffübertragung von dem zu oxydierenden Substrat auf einen geeigneten Wasserstoffacceptor. Nach der Theorie von WIELAND (1—10) und T. THUNBERG besteht die Aufgabe der Dehydrasen in der „Aktivierung" des Wasserstoffes, der hierdurch in einen für die Vereinigung mit Sauerstoff oder einem anderen Wasserstoffacceptor geeigneten Zustand versetzt wird, was ohne die Vermittlung dieser Fermente nicht statthaben würde. Diese Anschauung fand zunächst von seiten WARBURGs (4) heftigen Widerspruch. Unter Hinweis auf die eisenhaltigen Atmungsfermente, die in jeder Zelle nachgewiesen werden könnten, machte er geltend, daß es sich bei der biologischen Oxydation um eine „Aktivierung" von Sauerstoff durch Fermenteisen handelte [WARBURG (1, 2, 3)]; die Sauerstoffaufnahme eines biologischen Substrats oder einer lebenden Zellsuspension höre sofort auf, wenn das Eisen dieser Fermentsysteme durch KCN gebunden würde. Die trotz KCN-Zusatz weitergehende Reduktion von Methylenblau, Chinon oder anderen Wasserstoffacceptoren in einem solchen Milieu, erfuhr durch WARBURG (4) zunächst die etwas gekünstelte „Erklärung", daß sich solche Stoffe eben „wie Sauerstoff + Eisen, d. h. wie aktivierter Sauerstoff verhalten".

Unsere Kenntnisse über die biologischen Oxydationsprozesse haben, besonders im letzten Jahrzehnt, durch die Auffindung einer großen Anzahl weiterer Enzymsysteme einen großen Zuwachs erfahren. Insbesondere sind die in Frage stehenden Abläufe wenigstens in ihrem Prinzip weitgehend aufgeklärt worden. Wenn daher im Anschluß an die nun folgende kurze Übersicht versucht werden soll, das Prinzip der besprochenen biologischen Oxydation auf den Bakterienstoffwechsel zu übertragen, so ist diesem Versuch zunächst vorwiegend eine nur allgemeine Bedeutung beizumessen, da wir über die Bakterienfermente noch nicht in solchem Umfang unterrichtet sind wie über die der Metazoen.

a) **Hydrolasen.** Der primäre Angriff auf ein Nährsubstrat besteht im allgemeinen in der Spaltung; Schema: Hydrolyse (Esterasen, Proteasen, Peptidasen, Karbohydrasen usw.); Spaltungen nach Art der Carboxylasewirkung. — Die Reaktionsfähigkeit auch solcher Enzyme ist zum Teil ebenso wie die der unten zu besprechenden Dehydrasen (Redoxasen) und Atmungsfermente nicht allein von der herrschenden Wasserstoffionenkonzentration sondern mindestens in gleicher Weise vom Redoxpotential des umgebenden Milieus abhängig. Hydrolytische

Prozesse werden im allgemeinen durch eine Negativierung des Redoxpotentials, d. h. vice versa auch durch Sauerstoffmangel begünstigt bzw. überhaupt ermöglicht [BERSIN (2)], REISS, RONDONI]. — Die bei hydrolytischen Spaltungsprozessen freiwerdenden Energiemengen sind im Verhältnis zum verbleibenden Energieinhalt der Spaltstücke und damit im Vergleich zu den im nachfolgenden Oxydationsprozeß zur Verfügung gestellten Energiemengen sehr gering, etwa nur 10% des Energieinhaltes [FULMER, FRANKE (1)]. Diese Form des Substratangriffes dient also lediglich der Vorbereitung der anschließend einsetzenden, im eigentlichen Sinne dynamogenen Stoffwechselprozesse.

b) Dehydrasen. In der Co-Dehydrase I (= Co-Zymase) [v. EULER, ALBERS und SCHLENK (1, 2, 3); SCHLENK und v. EULER; VESTIN, SCHLENK und v. EULER; WARBURG (9)] und Co-Dehydrase II [v. EULER (2), SCHLENK (1), WARBURG (9)] haben wir die prosthetischen Gruppen einer Reihe von Fermenten vor uns, deren spezielle Aufgabe die Wasserstoffübertragung ist (KARRER, SCHWARZENBACH, BENZ und SOLMSSEN; KARRER und RINGIER). Die jeweilige Substratspezifität der durch die Co-Dehydrasen vermittelten Reaktionen ist durch ihre Bindung an verschiedene Trägerproteine bzw. -proteide, „Zwischenfermente" [WARBURG (9)], bedingt. Chemisch handelt es sich bei den beiden Co-Dehydrasen um Phospho-Pyridin-Nucleotide (VESTIN, SCHLENK und v. EULER); die Oxydoreduktionen spielen sich am Pyridinkern (Nicotinsäureamid) ab (KARRER, SCHWARZENBACH, BENZ und SOLMSSEN). Beide Dehydrasen sind sowohl in tierischen als auch pflanzlichen Zellen einschließlich der Bakterien nachgewiesen worden (Übersicht und Literatur s. bei F. G. FISCHER). Durch fermentative Phosphorylierung bzw. Dephosphorylierung lassen sich die beiden Enzyme ineinander überführen, da sie sich nur durch den Gehalt von 1 Mol Phosphorsäure unterscheiden (v. EULER, ADLER und STENNHOFF ERIKSEN; VESTIN) (Co-Dehydrase I = Diphospho-Pyridin-Nucleotid; Co-Dehydrase II = Triphospho-Pyridin-Nucleotid). Eine derartige Umwandlung der beiden Co-Fermente ineinander findet auch unter natürlichen Bedingungen bei Phosphorylierungsvorgängen, in welche diese beiden Fermentgruppen eingeschaltet sind, statt [MEYERHOF, SCHULZ und SCHUSTER; MEYERHOF, OHLMEYER, GENTNER und MAIER-LEIBNIZ; MEYERHOF, OHLMEYER und MÖHLE (1, 2); VESTIN; v. EULER und ADLER (2)], womit der Wasserstofftransport gekoppelt sein kann: Dihydro-Co-Dehydrase I → Co-Dehydrase II. In der Hauptsache geht jedoch der Wasserstofftransport von den Co-Dehydrasen weiter über die Flavoproteide (gelbe Fermente) bzw. die Diaphorase. — Neben diesen durch die Co-Dehydrasen vermittelten Oxydoreduktionen sind noch weitere Dehydrasen bekannt (s. bei FISCHER), in denen dissoziierende prosthetische Gruppen nicht nachgewiesen werden konnten (z. B. Glycero-Phosphat-Dehydrase [GREEN (3), v. EULER, ADLER und GÜNTHER (2)] und Succinodehydrase). Ferner gehören hierher die Xanthindehydrasen und d-Aminosäuredehydrase, deren prosthetische Gruppen Alloxazinderivate sind (BALL). Während die Dihydro-Codehydrasen Flavinenzym oder Diaphorase als Wasserstoffacceptoren benötigen, sind die letzteren Dehydrasen zur direkten Reaktion mit dem Cytochromsystem befähigt [WARBURG und CHRISTIAN (8)]. (Über die Rolle der niedermolekularen Überträger siehe unten.)

c) Gelbe Fermente und Diaphorase. Den Co-Dehydrasen I und II nachgeschaltet sind als H-Acceptoren die „gelben Fermente". Aus diesen von WARBURG und CHRISTIAN (1, 2, 3, 4), sowie von ELLINGER und KUHN, GYÖRGYI und WAGNER-JAUREGG, zuerst isolierten „gelben Oxydationsfermenten" konnte KUHN als prosthetische Gruppe das Laktoflavin abtrennen und dessen chemische Konstitution [6,7-Dimethyl-9-(1-d-ribityl-)-isoalloxazin] sowie die Identität mit Vitamin B_2 sicherstellen (KUHN, GYÖRGYI und WAGNER-JAUREGG; KUHN, RUDY und WAGNER-JAUREGG; s. a. bei KARRER). Durch Bindung des Laktoflavin an Proteid entsteht das „gelbe Ferment" [THEORELL (1, 2, 3)]. Die aus verschiedenen Organen und Zellarten gewonnenen Flavinenzyme erwiesen sich in der Folgezeit nicht als einheitlich; gemeinsam ist ihnen lediglich die prosthetische Gruppe: Laktoflavin-Phosphorsäureester; Unterschiede bestehen vor allem in der Art der Eiweißträger bzw. in gewissen Einbauten (Adenin-Nucleotide) in das Molekül der Wirkungsgruppe [WARBURG und CHRISTIAN (7, 8, 9); KARRER, FREI und MEERWEIN; KARRER, FREI, RINGIER und BENDAS; STRAUB (1)]. Die Oxydoreduktionen spielen sich am Alloxazinring ab. — Aber nicht allein an Eiweiß gebunden, sondern auch in freier Form vermag das Co-Enzym (Laktoflavin) gewisse Oxydoreduktionen zu vollziehen [v. EULER und ADLER (1); v. EULER, HELLSTRÖM und ADLER; ADLER und v. EULER (1, 2)]. Diese Tatsache dürfte gerade im Bakterienstoffwechsel von nicht geringer Bedeutung sein. — Das natürliche Substrat des gelben Fermentes ist in erster Linie die Dihydro-Co-Dehydrase I und II, von der es den Wasserstoff zum Weitertransport an verschiedene andere Acceptoren empfängt. Die Bedeutung der Flavinenzyme als „Atmungsfermente" beruht auf ihrer Fähigkeit, den erhaltenen Wasserstoff nicht allein an gewisse Acceptoren wie Methylenblau, Chinon und das Cytochromsystem, sondern auch direkt an molekularen Sauerstoff abzugeben. — Von noch weitreichenderer Wirksamkeit sind die in neuerer Zeit gefundenen Flavo-Nucleotidproteide (s. oben), welche unmittelbar an gewissen (nichtenzymatischen) Substraten angreifen und den Wasserstoff direkt auf H-Acceptoren, unter anderen auch auf Sauerstoff übertragen können.

Wie bereits oben erwähnt, geht die Wasserstoffentladung der Dihydro-Co-Dehydrasen nicht allein über die „gelben Fermente", sondern es existiert noch ein parallel geschalteter Transportweg über das Ferment: Diaphorase (ADLER v. EULER und HELLSTRÖM) oder auch Co-Enzymoxydase bzw. Co-Enzymfaktor [DEWAN und GREEN (1, 2)] genannt. Die Acceptoreigenschaft der Diaphorasen erstreckt sich nach v. EULER und GÜNTHER spezifisch auf die Dihydro-Co-Dehydrase I, während GREEN und DEWAN sie auch gegenüber Dihydro-Co-Dehydrase II wirksam befanden. Die Diaphorase gibt den Wasserstoff an verschiedene Acceptoren wie Methylenblau, Riboflavin sowie an Cytochrom a und b (nicht an Cytochrom c) ab. In welchem Umfang die Dehydrierung der H_2-Co-Dehydrasen statt über die „gelben Fermente" über die Diaphorase geht, welche etwa 1000—7000fach wirksamer sein soll als Flavinenzym, ist noch strittig.

d) **Das Cytochrom- und Häm-Häminsystem.** Während bei normalem Sauerstoffpartialdruck die Existenz des „gelben Atmungsfermentes" theoretisch genügen würde, um den „Atmungsvorgang", die Vereinigung des Wasserstoffes mit dem Sauerstoff zu vollziehen, benötigen viele, besonders die höheren Lebewesen, noch ein besonderes Fermentsystem, welches die Wasserstoffübertragung von den „gelben Fermenten" (einschließlich der Flavonucleotide) bzw. der Diaphorase zum Sauerstoff vermittelt. Der O_2-Partialdruck im Gewebe der Metazoen ist so gering, daß die Autoxydation der „gelben Fermente" nicht mit der genügenden Geschwindigkeit vor sich geht. Zur Beschleunigung der Reaktion

Wasserstoff-Sauerstoff ist hier das von MacMunn (1, 2, 3) gefundene und vor allem von Theorell (4, 5, 6, 7) und Keilin (1) näher untersuchte Cytochromsystem eingeschaltet (s. a. bei Reid). Die Cytochrome a, b und c sind mit der Gruppe der Zellhämine nahe verwandt und weisen in ihren an Eiweiß gebundenen prosthetischen Gruppen große Ähnlichkeit mit dem Hämin auf. Im Gegensatz zum Warburgschen Atmungsferment (Häm-Häminsystem) reagieren sie nicht mit molekularem Sauerstoff (nicht autoxydabel) oder KCN (blausäureunempfindlich). Ihre Aufgabe ist ebenfalls der Wasserstofftransport oder wenn man will, die Oxydation des Wasserstoffes: $H - e = H^+$. Die noch bestehende Potentialdifferenz zwischen dem an das Cytochromsystem gelangten Wasserstoff und dem molekularen Sauerstoff wird nunmehr stufenweise teils vom Cytochromsystem, teils vom Häminsystem ausgeglichen. Die Reihenfolge der Cytochrome in der Reaktionskette ist gemäß ihren Redoxpotentialen [Cytochrom $a = +0{,}29$ V; Cytochrom $b = +0{,}27$ V; Cytochrom $c = +0{,}04$ V (Ball)]: b—c—a. Oxydation und Reduktion spielen sich in diesem System am Fermenteisen unter jeweiligem Valenzwechsel ab [Warburg und Christian (8)]. Cytochrom a wird schließlich vom Warburgschen Atmungsferment [Warburg (1, 2, 3, 4, 8)], also vom Häm-Häminsystem oxydiert und der über die bisher beschriebenen Fermentketten transportierte Wasserstoff nunmehr mit „aktiviertem" Sauerstoff vereinigt:

$$2\,\text{Cytochrom } b^{+++} + \text{Dihydro-Flavinenzym} = \text{Flavinenzym} + 2\,H^+$$
$$\downarrow$$
$$2\,\text{Cytochrom } b^{++} + 2\,\text{Cytochrom } c^{+++}$$
$$\downarrow$$
$$2\,\text{Cytochrom } c^{++} + 2\,\text{Cytochrom } a^{+++}$$
$$\downarrow$$
$$2\,\text{Cytochrom } a^{++} + 2\,\text{Hämin}^{+++}$$
$$\downarrow$$
$$2\,\text{Häm}^{++} + O^{++} = \overline{\underline{O^{--}}}$$
$$H_2O$$

Während die Oxydation der Cytochrome anscheinend streng spezifisch im Sinne des obigen Schemas ausgerichtet ist, bestehen bei der Reduktion verschiedene Möglichkeiten, wie schon aus dem vorhergehenden ersichtlich. So reduzieren nicht allein die Leukoflavinenzyme, sondern auch andere wasserstoffübertragende Fermente (Ogston und Green), wie Diaphorase [s. bei Fischer, Martius, Warburg (9)] und Succinodehydrase [Green (2)] und schließlich auch gewisse niedermolekulare H-Überträger wie z. B. Askorbinsäure (Karrer, v. Euler und Hellström, Edlbacher und v. Segesser), das Cytochrom. Das Cytochrom a ist ebenso wie die anderen Cytochrome keine als einheitlich anerkannte Substanz, sondern zerfällt wiederum in Komponenten, die autoxydabel sind und damit dem Warburgschen Atmungsferment nahe stehen, und solche, die nicht autoxydabel sind [Keilin und Hartree (1)].

IV. Die Bakterienenzyme.

Die hier im integrierenden Stil gegebene kurze Skizzierung der wichtigsten bekannten Enzymsysteme verfolgt lediglich den Zweck, das allgemeine Prinzip des Substratabbaus und der biologischen Oxydation, wie es sich im Organismus der höheren Lebewesen etwa darstellt, zum umreißen Daß aber die Kenntnis dieser Prinzipien gerade für das Verständnis bakterieller Stoffwechselvorgänge von ebenso großer Bedeutung ist wie für das der Metazoen, geht, abgesehen von allgemeinbiologischen Erwägungen insbesondere daraus hervor, daß ein nicht geringer Teil dieser Erkenntnisse aus dem Studium des Stoffwechsels von Bakterien gewonnen worden ist.

Nichtsdestoweniger haben die allermeisten Angaben über die enzymatischen Fähigkeiten der Bakterien nicht der planmäßigen Erforschung des Stoffwechsels dieser Lebewesen selbst gedient, sondern sind fast stets völlig einseitig auf bestimmte Substratumsetzungen ausgerichtet gewesen; die betreffende Bakterienart, die diese Umsetzungen unter ganz bestimmten Bedingungen vollbrachte, interessierte in diesem Zusammenhang als Individuum meist überhaupt nicht; d. h. man fragte kaum jemals danach, ob die von der betreffenden Bakterienart geleistete Umsetzung spontan unter „freigewählten" Bedingungen ebenfalls vollbracht worden wäre, kurz, ob sie im Hinblick auf die Lebensbedürfnisse ein Optimum darstellten. Von einer großen Anzahl technisch-industriell verwendeter Bakterien wissen wir kaum mehr, als daß sie unter gewissen, noch nicht einmal hinreichend genau definierten Bedingungen eine ganz bestimmte Reaktion (meist eine einfache Spaltung) vollbringt, und daß dieser Reaktion ein bestimmtes Ferment entspricht. Selbst über das letztere ist nur selten mehr bekannt, als daß es eben diese Reaktion katalysiert, dagegen häufig nichts über den feineren Wirkungsmechanismus. Bei den Betrachtungen über die enzymatischen Leistungen von Mikroorganismen (z. B. derjenigen der Gärungsindustrie) wird meist außer acht gelassen, daß die maximale Ausbeute an einem bestimmten Spaltungsprodukt fast niemals mit den im Interesse des betreffenden Lebewesens liegenden optimalen Lebensbedingungen zusammenfällt. — Dies mag vom praktischen Standpunkt der industriellen Anwendung von Bakterienarten auch meist nicht von Belang sein. Aber selbst über den Stoffwechsel der pathogenen Mikroorganismen, bei denen doch gerade die optimalen Lebensbedingungen von medizinisch-therapeutischem Interesse sind, kennen wir zwar eine Unzahl diagnostisch bedeutsamer biochemischer Unterschiede zwischen den einzelnen Bakterienarten, aber über den Gesamtstoffwechsel auch nur einer Bakterienart wissen wir nichts. Und somit ist die gesamte Bakteriologie auch über den Standpunkt, die Bakterien als „Spaltpilze", sofern man unter diesem Begriff Lebewesen versteht, die ihren Energiebedarf lediglich oder vorwiegend aus einfachen Spaltungen höhermolekularer Nährstoffe beziehen, aufzufassen, nicht hinausgekommen. Diese Tatsache schließt selbstverständlich nicht aus, daß durch die bis jetzt gewonnenen Einzelerkenntnisse über die Hydrolasenaktivität vieler Bakterien und deren Zusammenhang mit pathogenen Wirkungen im lebenden Makroorganismus wesentliche theoretische aber auch praktisch therapeutische Grundlagen geschaffen werden konnten (s. bei WOHLFEIL). Hierher gehört z. B. auch die therapeutische Anwendbarkeit des Enzyms von DUBOS, DUBOS und AVERY (1, 2); DUBOS und BAUER; AVERY und DUBOS. Dennoch muß betont werden, daß wir über den Wirkungsmechanismus eines pathogenen Bakteriums im lebenden Organismus solange noch nichts Endgültiges aussagen können, als uns nicht seine sämtlichen „konstitutiven" und „adaptiven" Fermentleistungen [KARSTRÖM, YUDKIN (4), MASCHMANN] unter allen realisierbaren Bedingungen (einschließlich Einwirkung von Fermentaktivatoren, Hemmungskörpern, Ergonen, Antienzymen usw.) bekannt sind. Aus diesem Grunde ist es auch notwendig, sich von der immer noch herrschenden Vorstellung, daß es sich bei diesen Kleinlebewesen um fermentativ einseitig organisierte Lebewesen handle, loszumachen und zu erkennen, daß der Stoffwechsel der Mikroorganismen ein ähnlich differenzierter ist wie der der höheren Lebewesen (WERKMAN). Es erscheint daher nach dem gegenwärtigen Stande der Bakteriologie wertvoller, Dehydrierungs- und Atmungssysteme der Mikroben systematisch zu untersuchen, als sich weiterhin auf die Aufdeckung von Spaltungsreaktionen zu beschränken.

Gegenwärtig liegen die Verhältnisse auf diesem Gebiet so, daß wir zwar über das Vorkommen bzw. über das Fehlen von Dehydrierungs- und Oxydationsfermenten bei Bakterien ebenfalls schon eine große Reihe von Einzeltatsachen kennen, aber bezüglich des Ineinandergreifens und der Wirkungsweise dieser Enzymsysteme in Bakterienkulturen noch durchaus mangelhaft unterrichtet sind.

Über Dehydrasen bei Bakterien siehe BERTHO: bei Essigbakterien; YUDKIN (2, 3): bei B. coli; ADLER, HELLSTRÖM, GÜNTHER und v. EULER: bei B. coli; LYNEN und FRANKE: bei B. coli; WIGGERT, SILVERMANN, UTTER und WERKMAN: bei verschiedenen aeroben und anaeroben Bakterien; GUZMANN, BARRON und LYMAN: bei verschiedenen Bakterien. Ferner: OGSTON und GREEN, ADLER und MICHAELIS, MEYERHOF und OHLMEYER, ADLER, v. EULER und HUGHES, v. EULER, ADLER, GÜNTHER und HELLSTRÖM, GREEN und BROSTEAUX, FRANKE und BANERJEE, GALE, v. EULER, ADLER und GÜNTHER (2), ADLER und SREENIVASAYA, ADLER, v. EULER und HUGHES, ADLER und HUGHES.

Über „gelbe Fermente" und HCN-unempfindliche Atmungssysteme bei den Bakterien siehe bei WARBURG und CHRISTIAN (5, 6), VETTER, SNELL, STRONG und PETERSON, O'KANE, GERARD, BERTHO und GLÜCK, MEYERHOF und FINKLE, FUJITA und KODAMA (3), YAMAGUTCHI u. a.

Über Cytochrom und Cytochromoxydase bei Bakterien siehe bei FUJITA und KODAMA (3), TAMYIA und YAMAGUTCHI, CALLOW, QUASTEL und STEPHENSON, YAOI und TAMYIA, FREI, RIEDMÜLLER und ALMASY; vgl. auch Literatur über Nadireaktion S. 97.

Über Katalase und Peroxydase bei Bakterien siehe bei RYWOCZ, STAPP, KIRCHNER, FUJITA und KODAMA (1, 2), v. EULER und ZEILE, HAND, VIRTANEN und KARSTRÖM, WIELAND und PISTOR (1, 2).

Über eine eigenartige Gruppe von Fermenten, die anscheinend nur bei Bakterien vorkommt, nämlich die Hydrasen, wissen wir ebenfalls nur sehr wenig. Es handelt sich dabei um Enzyme, die nicht allein gebundenen sondern auch freien molekularen Wasserstoff zu binden und zu übertragen vermögen [STEPHENSON und STICKLAND (1, 2), GREEN und STICKLAND, NAKAMURA (1, 2, 3)]. Unter anaeroben Bedingungen entstehen durch ihre Tätigkeit stark reduzierende Substanzen.

Wahrscheinlich stehen mit diesen Enzymen die Hydrolyasen der Bakterien (STEPHENSON) funktionell in Beziehung. Diese ebenfalls nur bei Bakterien und zwar nur unter anaeroben Bedingungen auftretenden Fermente [YUDKIN (1), STEPHENSON und STICKLAND (3)] vermögen aus gewissen Substraten Wasserstoff abzuspalten und molekular in Freiheit zu setzen. Hydrolyasen und Hydrasen dürften gerade bei der Anaerobiose der fakultativ und „obligat" anaeroben Bakterien eine wichtige Rolle als „Notventil" bei völligem Sauerstoffmangel (oder sonstigem Acceptormangel) spielen.

Aus den vorstehenden Hinweisen geht also hervor, daß die Bakterien in Hinsicht auf ihre enzymatischen Leistungen keineswegs einseitig auf Spaltungsvorgänge ausgerichtet sind, sondern auch vielseitige oxydative und reduktive Prozesse in ihrem Stoffwechsel betätigen, die ebenfalls durch wohlcharakterisierte Enzyme geleitet werden. Wesentlich für die Deutung der Lebenstätigkeit der sog. Anaerobier dürfte die Tatsache sein, daß auch sie zu oxydativen

Leistungen nicht allein befähigt sind, sondern, wie ein Teil der späteren Untersuchungen zeigen soll, unter optimalen Bedingungen ebenso darauf angewiesen sind, wie alle andern Lebewesen.

Andererseits liegt eine gewisse Beschränkung der Vielseitigkeit der fermentativen Fähigkeiten ein und desselben Bakteriums zunächst darin, daß ein Lebewesen nur mit einer im Verhältnis zu seiner Masse stehenden Anzahl von verschiedenen Enzymen ausgestattet und diese Anzahl infolge der Kleinheit dieser Lebewesen nicht beliebig groß sein kann. Dieser rein räumlichen Beschränkung ist aber schließlich auch jede im Verbande der höheren Lebewesen befindliche Zelle unterworfen. Gegen den Einwand, daß hier die Arbeitsteilung unter verschiedene Zellarten ein funktionell höher stehendes und daher auch enzymatisch differenziertes Ganzes darstelle, kann geltend gemacht werden, daß auch Bakterien unter natürlichen Bedingungen fast niemals in Reinkultur leben, sondern symbiontische Verhältnisse vorkommen, die der Symbiose der Körperzellen im Hinblick auf ergänzende enzymatische Wechselwirkungen ähneln. Allerdings ist die Symbiose der Körperzellen eine durchaus ideale, während das Zusammenleben mehrerer Bakterienarten doch mehr oder weniger von der Verwirklichung eines gegenseitigen reinen Nutzens abweicht. Vielmehr überwiegt in Bakteriengemischen, selbst wenn zunächst eine echte Symbiose vorzuliegen scheint, doch endlich der Parasitismus der einen über die andere Art.

Die Variabilität der äußeren Bedingungen ist im Leben des Bakteriums eine viel größere als die der in einem größeren Verband lebenden Zellen. Alle diese Umstände machen es notwendig, daß die Bakterien über eine gewisse biochemische (als Folge davon auch morphologische) Variabilität verfügen müssen, wobei es vorläufig in vielen Fällen strittig bleiben muß, welcher dieser verschiedenen Zustände als der optimale und welche als die fakultativen bezeichnet werden können. Was die Möglichkeit der enzymatischen Veränderlichkeit der Bakterien anlangt, so sind in neuerer Zeit hierüber verschiedene Vorstellungen unterbreitet worden, von denen gegenwärtig die „enzymatische Adaption" KARSTRÖMS (1, 2) am bedeutungsvollsten sein dürften. KARSTRÖM unterteilt die Enzyme der Mikroorganismen in konstitutive und adaptive. Konstitutive Enzyme sind solche, welche das natürlich vorkommende Bakterien ursprünglich („konstitutionell") enthält; als adaptive Enzyme werden solche bezeichnet, die unter bestimmten Bedingungen (z. B. bei verändertem Nährstoffangebot) nach einer gewissen Induktionszeit zum Zwecke der Anpassung an ein ungewohntes Nährsubstrat neu gebildet werden. Diese Erscheinung ist insofern von allgemein biologischem Interesse als sich daran Untersuchungen über Änderungen des Phänotypus (schnelleintretende aber vorübergehende Adaption) bzw. des Genotypus (langsam eintretende aber bleibende Adaption) knüpfen ließen (Literatur s. bei LINDERSTRÖM-LANG). Zur Frage der Stoffwechselanpassung ist hier lediglich die phänotypische Fermentadaption von Interesse, und zwar insofern, als sie zeigt, daß außer den unter gewöhnlichen Umständen zu beobachtenden Fermentleistungen eines Bacteriums auch latente, dispositionelle (= adaptive) Fähigkeiten vorhanden sein können.

Nichtsdestoweniger bleibt auch unter der Annahme einer weitgehenden fermentativen Anpassung die als möglich denkbare Anzahl verschiedener Enzyme in einer Bakterienzelle beschränkt, da sowohl verschiedene Enzyme als auch die einzelnen Enzymkonzentrationen in der Zelle einerseits in einem physikalisch begrenzten Verhältnis zur Masse des Lebewesens und andererseits in einem kinetisch günstigen Verhältnis zur Substratkonzentration stehen müssen, wenn die notwendigen Umsetzungen mit der erforderlichen Geschwindigkeit verlaufen sollen. Die Notwendigkeit, sich bei einer Reihe von funktionell wichtigen Katalysen der autokatalytischen Eigenschaft niedermolekularer Zwischenträger zu bedienen, muß wahrscheinlich mit der Kleinheit eines Lebewesens bzw. einer Zelle, die in ihrem Stoffwechsel auf sich allein angewiesen ist, im Verhältnis zu ihrer relativen ,,Enzymarmut" größer werden. Wenn auch zur Zeit ein systematisierender Vergleich der anteilmäßigen Verwendung niedermolekularer Katalysatoren im Stoffwechsel zwischen verschiedenen Zellarten und Lebewesen noch nicht möglich ist, so deuten doch die bisher empirisch als begünstigend für das Bakterienwachstum gefundenen Nährbodenzusätze darauf hin, daß Stoffe von allgemein physiologischer Wirksamkeit, welche unter bestimmten Bedingungen eventuell auch die Rolle von Enzymen oder Co-Enzymen zu übernehmen vermögen, dem Metabolismus der Bakterien zum mindesten willkommen, wenn nicht gar teilweise unentbehrlich sind.

Die Wirksamkeit eines jeden Enzyms ist von einer Reihe von Faktoren abhängig, die entweder auf das Enzym oder das Substrat hemmenden oder begünstigenden Einfluß haben. Die allgemeinste und selbstverständlich erscheinende Voraussetzung für die Betätigung eines Enzyms ist die Anwesenheit eines geeigneten Substrats; dieser Satz verliert in dem Augenblick seine Banalität, wo man bedenkt, daß wir über die enzymatischen Fähigkeiten der Bakterien bis jetzt immer nur bruchstückweise unterrichtet sind, und man nicht voraussehen kann, welche Enzyme von einem Bacterium vielleicht betätigt werden können, die ohne die Anwesenheit eines gewissen Substrats nicht in Erscheinung treten können. Die Rückbildung eines Enzyms aus der während der betreffenden Umsetzung stattfindenden Substrat-Enzymverbindung, bzw. z. B. bei einer Dehydrase aus der reduzierten Stufe in die substrataktive oxydierte Stufe ist von Milieubedingungen wie: herrschende Wasserstoffionenkonzentration, Anwesenheit eines Wasserstoffacceptors usw. abhängig. Redoxpotential, Wasserstoffionenkonzentration, Elektrolytgehalt (Anionen und Kationen) können einen entscheidenden Einfluß auf die Richtung der durch ein Enzym katalysierten Reaktion, oder auf die Aktivität des Enzyms und damit auf die Geschwindigkeit der Reaktion haben. Auf alle diese Punkte kann in diesem Zusammenhang nicht eingegangen werden. Vielmehr können im folgenden auch nur kurz verschiedene, in Tier- und Pflanzenreich weit verbreitete Enzym-,,Effektoren" [BERSIN (4)] und niedermolekulare Wasserstoffüberträger besprochen werden, die zum Teil auch in der Biochemie des Bakterienstoffwechsels eine Rolle spielen, bzw. bei welchen letzteres vermutet werden kann.

V. Niedermolekulare Katalysatoren.

Die Bedeutung der Co-Enzyme (Co-Dehydrasen I und II, Co-Carboxylase, Laktoflavinphosphorsäure, Flavin-Adenin-Nucleotide, Corticosteron) als selbständige Ergone in freier Form tritt hinter ihrer Wirksamkeit als prosthetische Gruppe von Holoenzymen weit zurück. Wie bereits oben erwähnt, sind auch Bakterien zur Bildung der entsprechenden Apoenzyme teilweise befähigt, so daß die Begünstigung ihres Wachstums bei Zufuhr der betreffenden Co-Enzyme oder auch der zum Aufbau der letzteren nötigen Bausteine erklärlich ist (Literatur s. S. 106). Die Feststellung von WIGGERT und Mitarbeitern, daß auch die sog. Anaerobier Dehydrasen besitzen, kann zu Untersuchungen über das Wachstum, die Toxinbildung u. dgl. in Co-dehydrasereichen Nährmedien anregen.

a) Die C_4-Dicarbonsäuren.

Seit den Untersuchungen von KREBS (3) ist bekannt, daß die C_4-Dicarbonsäuren nicht allein in der tierischen Gewebsatmung als Zwischenglieder des Wasserstofftransportes eine bedeutsame Rolle spielen, sondern auch bei Bakterien in ähnlicher Weise, zunächst intermediär gebildet, dann in Form der Bernstein-, Fumar-, Äpfel- und Oxalessigsäure als Glieder des biologischen Oxydationsmechanismus erhalten und zwischen gewisse Enzymsysteme eingeschaltet werden. (Über die Rolle der C_4-Dicarbonsäuren und die Gewebsatmung von v. SZENT-GYÖRGYI siehe die Übersicht von MARTIUS). Aber gleichviel wie man sich die C_4-Dicarbonsäure im Schema der Wasserstoffübertragung angeordnet denkt, ob nach dem Schema von v. SZENT-GYÖRGYI (3):

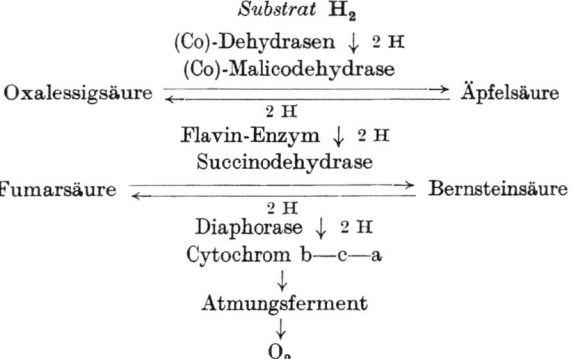

oder nach dem Citronensäurezyklus von KREBS und JOHNSON:

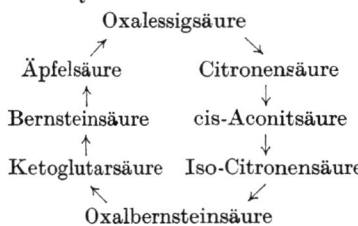

bedürfen diese Katalysen wiederum besonderer Enzyme; eine Entlastung würde die Bildung dieser funktionell wichtigen Intermediärprodukte für die Bakterienzelle darstellen, wenn sie über die entsprechenden Enzymsysteme verfügt, die sich derselben zu bedienen vermögen. Sofern diese Stoffe also lediglich auf dem Kohlehydratabbauweg liegen und fortlaufend einer weiteren Oxydation unterliegen, kommt ihnen im Stoffwechsel des betreffenden Bacteriums nicht die gleiche Bedeutung zu wie in der tierischen Gewebsatmung. Um so aufschlußreicher für den Bakterienstoffwechsel ist daher die oben erwähnte Feststellung von KREBS, daß die C_4-Dicarbonsäuren z. B. bei B. coli ebenfalls als Oxydoreduktionskatalysatoren fungieren.

Während die vorstehend genannten Überträger stets in einer festen und spezifischen Beziehung zu bestimmten Enzymen stehen und ihnen somit selber eine weitgehende Spezifität in ihrer Acceptor- und Donatorrolle zukommt, ist dies bei den im folgenden zu besprechenden Stoffen nicht oder nur mit weitgehenden Einschränkungen der Fall.

b) Die Thiolkörper.

Seit der zuerst von SCHÖNBEIN (1, 2) im Jahre 1867 gefundenen reversiblen Beeinflußbarkeit von Enzymen durch KCN sowohl im Sinne einer Hemmung (Oxydasen, Katalase) als auch im Sinne einer Aktivierung (Papain) sind eine große Reihe anorganischer und organischer Effektoren von Enzymwirkungen bekannt geworden [umfangreiche Übersicht und Literatur bei BERSIN (4)]. An allgemeiner Bedeutung dürften die Thiole (R·SH) sowohl wegen ihrer Vielseitigkeit gegenüber verschiedenen Enzymen und Substraten, wie auch wegen ihrer weiten Verbreitung in Tier- und Pflanzenwelt unter physiologischen Bedingungen an erster Stelle stehen.

Unter ihnen wiederum nehmen zwei biologisch wichtige Vertreter seit etwa 20 Jahren in zunehmendem Maße eine zentrale Stellung bei der Betrachtung der gesamten Gruppe ein, nämlich das Glutathion und sein charakterisierendes Bruchstück: das Cystein.

$$\begin{array}{c} HOOC \cdot CH \cdot CH_2 \cdot CH_2 \cdot CO \cdot NH \cdot CH \cdot CO \cdot NH \cdot CH_2 \cdot COOH \\ | \qquad\qquad\qquad\qquad\qquad | \\ NH_2 \qquad\qquad\qquad\qquad CH_2 \cdot SH \end{array}$$

γ-Glutaminyl-cystein-glykokoll = Glutathion

$$HOOC \cdot CH \cdot (NH_2) \cdot CH_2 \cdot SH$$

α-Amino-β-thiomilchsäure = Cystein.

Während man früher glaubte, daß die Bedeutung der Thiole in ihrer Eigenschaft als Oxydationskatalysatoren der Desmolyse, also in der Rolle eines Wasserstoffüberträgers bei Dehydrierungsprozessen begründet sei (HOPKINS und DIXON), ist in neuerer Zeit diese Eigenschaft immer mehr in den Hintergrund der Betrachtung gerückt, vor allem seit von BERSIN (1, 4) erkannt wurde, daß die schon früher beobachtete Aktivitätsbeeinflussung katheptischer Enzyme durch Thiole darauf beruht, daß diese Enzyme selbst reversible Thiol-Disulfidsysteme darstellen, welche durch Reduktion mittels Thiol in ihrer lytischen Aktivität gesteigert werden. Es scheint sich hierbei um eine grundsätzliche Eigenschaft pflanzlicher und tierischer Proteinasen zu handeln, daß sie durch Reduktionsmittel wie H_2S, Thiole sowie auch durch Cyanid im Sinne einer Lyse aktiviert werden [VINES, WILLSTÄTTER und GRASSMANN, WILLSTÄTTER, GRASSMANN und AMBROS (1, 2), WALDSCHMIDT-LEITZ, PURR und BALLS, GRASSMANN, DYCKERHOFF und v. SCHÖNEBECK]. Diese Aktivierung besteht nach BERSIN und LOGEMANN sowie HELLERMANN, PERKINS und CLARK in der Überführung des Enzyms aus der Disulfid- in die Thiolform: Enz—SS—Enz→Enz—SH.

[Wenn in diesen Arbeiten über die Aktivierung katheptischer und anderer Thiol-Disulfidenzyme (z. B. Urease) fast stets die Lyse in den Mittelpunkt der Betrachtung gestellt wurde, die beim experimentellen Arbeiten von jeher als leichter verfolgbar gegolten hat, so sind die Bedingungen der Synthese durch dieselben Enzyme erst in neuerer Zeit einer eingehenderen Würdigung zugeführt worden; doch soll hiervon erst später bei der Besprechung des Wirkungsmechanismus der Askorbinsäure die Rede sein.]

Wenn somit die Bedeutung von Glutathion und Cystein im Hinblick auf die Beeinflussung von Thiol-Disulfidenzymen unter physiologischen Bedingungen fast eine spezifische zu sein scheint, so kann doch mit Rücksicht auf verschiedene andere Leistungen dieser Stoffe ihnen doch nicht ein solcher Grad von Spezifität zukommen wie etwa den Co-Enzymen. Nichtsdestoweniger stehen sie an Wichtigkeit hinter wohlcharakterisierten Enzymsystemen nicht zurück, da es doch sehr wahrscheinlich ist, daß Stoffe wie die Thiole oder die Askorbinsäure gerade wegen ihrer Vielseitigkeit und der damit verbundenen Unspezifität regulierend in die verschiedensten Teilprozesse des Stoffwechsels eingreifen können. Wenn in diesem Zusammenhang von Unspezifität gesprochen wird, so gilt dies lediglich für die verschiedenartige Substrataffinität dieser Stoffe; es soll nicht damit ausgedrückt werden, daß sie unter physiologischen Bedingungen durch andere Stoffe vertretbar seien.

Von ebenso allgemeiner Bedeutung wie die Reduktion von Disulfidenzymen ist die Wirkung der Thiole auf Metalle. Die Eigenschaft der SH-Gruppe, unter Metallsulfidbildung zu reagieren, befähigt die Thiole zu einer Reihe von Aktivierungs- bzw. Enthemmungsreaktionen in Enzym-Metallkomplexen, wobei z. B. die mit Metallen vergifteten Enzyme unter Abgabe des Metalls an R · SH reaktiviert werden [MYRBÄCK, GRASSMANN, KREBS (1, 2), HELLERMANN, PERKINS und CLARK, V. EULER und LARSON, WAGNER-JAUREGG und MÖLLER, KUHN und DESNUELLE]. In ähnlicher Weise vermögen Thiole metallhaltige Enzyme durch Abspaltung des effektuierenden Metalls zu zerstören, z. B. Askorbinsäureoxydase (HOPKINS und MORGAN, KERTESZ) oder Kartoffeloxydase [KUBOWITZ(1)]. Über die Hemmung von Katalase bzw. Cytochromoxydase durch Thiole s. bei K. G. STERN, WALDSCHMIDT-LEITZ und Mitarbeitern, BERSIN (1), MARKX, KEILIN und HARTREE (2).

Auf Grund ihres Reduktionsvermögens sind Thiole ferner in der Lage, durch Verschiebung des Redoxpotentials in negative Bereiche, Enzyme, die bei höherem r_H ihre Tätigkeit entfalten, zu hemmen, vielleicht aber auch dadurch, daß sie aktive Enzymgruppen reduzieren, die nur in ihrer oxydierten Stufe wirksam sind, z. B. Phosphatasen [SCHÄFFNER und BAUER, SCHÄFFNER und BERL, ALBERS, KÖSTER und BERSIN, PFANKUCH (2), THANNHAUSER und Mitarbeiter, LOHMANN].

Eine ganz andersartige Rolle spielt das Glutathion bei der „Substrataktivierung" des Methylglyoxals [BERSIN (2)] gegenüber dessen spezifischem Ferment: der Glyoxalase [DAKIN und DUDLAY (1—5), NEUBERG (1, 2)]. Bei der Umwandlung des Methylglyoxals in Milchsäure verbindet sich zunächst GSH mit dem Methylketonaldehyd (= Methylglyoxal) zum Halbmerkaptal:

$$CH_3 \cdot CO \cdot CHO + GSH \rightarrow CH_3 \cdot CO \cdot CHOH \cdot SG$$

an welchem alsdann die Glyoxalase hydrolytisch angreift:

$$CH_3 \cdot CO \cdot CHOH \cdot SG + H_2O \rightarrow CH_3 \cdot CHOH \cdot COOH + GSH$$

(s. auch GIRŠAVIČIUS und HEYFETZ, YAMAZOYE). Über die Bedeutung des Glutathions bzw. der Thiole im KH-Stoffwechsel s. unten bei Askorbinsäure.

Wie oben erwähnt, ist die Bedeutung der Thiole als Redoxkatalysatoren nach Entdeckung ihrer engen Beziehungen zu verschiedenen Hydrolasen im allgemeinen stärker zurückgetreten. Dennoch ist die schon bei der Auffindung des Glutathions imponierende Autoxydabilität eine Eigenschaft die zu den grundlegenden Anschauungen über die katalytische Oxydoreduktion in der Biologie geführt haben. Die Studien WARBURGs am Cystein (s. WARBURG und SAKUMA; SAKUMA), haben im Zusammenhang mit späteren Untersuchungen [WARBURG (5, 6, 7), WARBURG und KREBS] gezeigt, daß ein großer Teil der Autoxydation an organischen Stoffen und im besonderen der Thiolkörper [betreffend Glutathion s. HARRISON (1, 2), VOEGTLIN, JOHNSON und ROSENTHAL] eine Schwermetallkatalyse ist. Schwermetallkomplexbildner wie HCN, Pyrophosphat oder Äthylisocyanid (TODA) hemmen die in Gegenwart von Metallen (Fe, Cu, Mn) sonst schnell verlaufende Autoxydation von Thiolen. Als Beispiel nebenstehend eine Versuchsabbildung von SAKUMA.

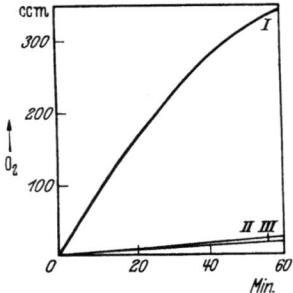

Abb. 1. Wirkung von HCN und Na$_4$P$_2$O$_7$ auf die Autoxydation von Cystein.
(Nach SAKUMA 1923.)
1 m/100-Cystein; II m/100-Cystein + m/1000 HCN; III m/100-Cystein + m/10-Na$_4$P$_2$O$_7$;
T 37,5°; p$_H$ = 9,24.

Über das ähnliche Verhalten der Askorbinsäure allein und in Anwesenheit von R·SH s. unten.

Diese Autoxydabilität der Thiole, die in der Abgabe von Wasserstoff an O$_2$ oder einen anderen Acceptor unter Disulfidbildung besteht und zu fast 100% eine Schwermetallkatalyse (Fe, Cu) ist, läßt immer wieder die Vermutung auftauchen, daß man es hier mit einem „Atmungskörper" zu tun hat. Gerade im Bakterienstoffwechsel ist die Beeinflussung des Wachstums durch Thiole schon seit längerer Zeit praktisch ausgenutzt worden. Hierher gehört vor allem die Verwendung von Organstückchen zur Anaerobenzüchtung (s. S. 96). Bewußt wurden Sulfhydrilkörper wohl zuerst von BERTHELOT herangezogen, der mit Thiomilchsäure Anaerobier bei Luftzutritt zum Wachstum brachte. Spätere Untersuchungen, wie die von QUASTEL und STEPHENSON (2), FREI und RIEDMÜLLER (1, 2) bestätigten diese Beobachtungen, daß strenge Anaerobier durch Thiolzusatz zum Nährboden bei Sauerstoffzutritt gezüchtet werden können Daß es sich bei dieser Ermöglichung des Wachstums der Anaerobier nicht allein um eine Aktivierung von Proteinasen oder anderer Hydrolasen sondern auch um die Ermöglichung reversibler Oxydoreduktionsvorgänge im Sinne einer Dehydrierung zu handeln scheint, kann auch heute noch nicht von der Hand gewiesen werden. — Allerdings würde es aus Gründen der thermodynamischen Ökonomie der lebenden Zelle unwahrscheinlich sein, daß die Überträgerfunktion des Glutathions, des Cysteins oder ähnlicher Thiole vom Substrat bis zum molekularen Sauerstoff reicht, weil der Energieabfall in einem solchen System zu steil wäre, als daß hieraus ein biologischer Nutzen zu erwarten wäre. Unter biologisch günstigen Bedingungen würde es zweckmäßig erscheinen, wenn Substrate, Enzyme oder andere niedermolekulare Überträger zwischen die Thiole und den molekularen Sauerstoff eingeschaltet wären, welche den Wasserstofftransport in eine energetisch ausnutzbare Bahn leiteten. Derartige Möglichkeiten bestehen bei der tierischen Gewebsatmung offensichtlich in verschiedenster Weise und Glutathion, Cystein u. ä. sind hier wohl eher den Dehydrasesystemen als den Oxydasen zugeordnet. Wahrscheinlich ist aber auch hier nur ein Weg der physiologische, über welchen der Thiolwasserstoff auf die Reaktion mit O_2 vorbereitet wird.

Der erste sichere Hinweis darauf, daß das Glutathion bzw. Cystein mit der Askorbinsäure in einem biochemisch und physiologisch begründeten Verhältnis steht, kann aus der Arbeit von GREEN (1) entnommen werden. DE CARO und GIANI wiesen nach, daß Cystein und Glutathion die Askorbinsäure vor Autoxydation zu schützen vermögen und in ihrer reduzierten Form erhalten. Da auch die Askorbinsäure-Autoxydation eine Schwermetallkatalyse ist (v. EULER, MYRBÄCK und LARSSON), erklärt sich die Hemmung der Askorbinsäureoxydation durch diese Substanzen mit einer Ablenkung und Bindung der Schwermetallspuren durch Thiole (BERSIN, KÖSTER und JUSATZ).

Äquimolare Mengen von Askorbinsäure und Glutathion zeigen in vitro bei p_H 7 überhaupt keine Autoxydation, so daß eine gegenseitige Stabilisierung beider Substanzen stattfindet. — Von welch weitreichender Bedeutung das System R · SH-Askorbinsäure im Stoffwechsel und im besonderen dem der Bakterien sein kann und welche Rolle es bei der Fermentaktivierung und Wasserstoffübertragung spielt, soll weiter unten noch näher ausgeführt werden.

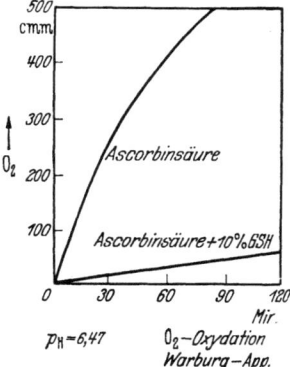

Abb. 2. (Nach BERSIN u. Mitarb.)

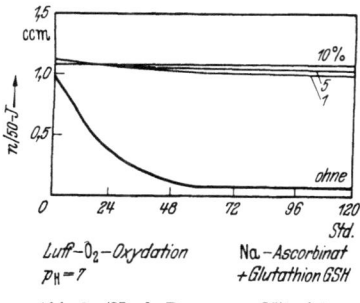

Abb. 3. (Nach BERSIN u. Mitarb.)

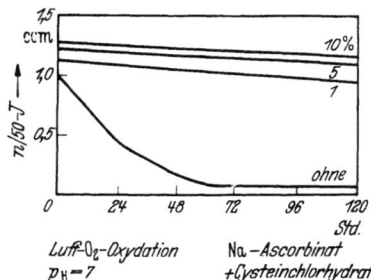

Abb. 4. (Nach BERSIN u. Mitarb.)

Da die vorliegenden Untersuchungen sich vorwiegend mit der Beeinflussung des Bakterienwachstums durch Askorbinsäure und der Bildung von Askorbinsäure bzw. askorbinsäureähnlichen Substanzen durch Bakterien befassen, muß eine ausführlichere Besprechung dieses wichtigen Redoxkatalysators und Enzymeffektors erfolgen.

c) Die Askorbinsäure.

Mit der Reindarstellung der „Hexuronsäure" $C_6H_8O_6$ aus Ochsennebennieren, Apfelsinen und Kohl legte v. SZENT-GYÖRGYI (1) im Jahre 1928 den Grundstein für ein Arbeitsgebiet, dessen Ergebnisse und Aussichten schon heute nicht mehr abzusehen sind. Vier Jahre später konnten v. SZENT-GYÖRGYI (2); s. auch v. SZENT-GYÖRGYI und SVIRBELY; KING und WAUGH, sowie TILLMANS und HIRSCH den Nachweis für die Identität dieser Substanz mit dem Vitamin C erbringen. An der Konstitutionsaufklärung haben sich in hervorragendem Maße die Arbeitskreise von HAWORTH, MICHEEL und KARRER beteiligt. Die starke Reduktionswirkung dieser Verbindung,

$$\begin{array}{c}\text{HOC}-\text{COH} \\ \text{HO} \quad \text{OH} \quad | \quad \quad | \\ | \quad | \\ \text{H}_2\text{C}-\text{CH}-\text{HC} \quad \text{CO} \\ \diagdown \text{O} \diagup \end{array} + \text{O (2 J)} = \begin{array}{c}\text{OC}-\text{CO} \\ \text{HO} \quad \text{OH} \quad | \quad \quad | \\ | \quad | \\ \text{H}_2\text{C}-\text{CH}-\text{HC} \quad \text{CO} \\ \diagdown \text{O} \diagup \end{array} + \text{H}_2\text{O(2 HJ)}$$

welche überhaupt erst den Anlaß zu ihrer näheren Erforschung gab, beruht auf der Atomgruppierung $\begin{array}{c}-\text{C}=\text{C}-\text{C}=\text{O} \\ | \quad | \\ \text{HO} \quad \text{OH}\end{array}$ v. EULER und KLUSSMANN.

Die einfache Oxydation der Askorbinsäure in Dehydroaskorbinsäure ist leicht reversibel (in vitro) z. B. durch H_2S, in vivo durch Sulfhydrilkörper, eventuell im Zusammenwirken mit Dehydrasen. Die Doppelbindung, an welcher die beiden enolischen Hydroxyle stehen, kann durch Ozonisierung leicht gespalten werden. Aus der Tatsache, daß bei der Ozonisierung der an der Doppelbindung stehenden Hydroxyle der übrige Molekülaufbau erhalten bleibt, und nicht etwa zwei Spaltstücke entstehen, konnte zugleich der Beweis erbracht werden, daß die Doppelbindung sich in einem stabilen Ring, im vorliegenden Falle also einem γ-Laktonring befindet. Der saure Charakter der Askorbinsäure, die, wie fälschlich manchmal angegeben, keine freie Carboxylgruppe besitzt, wird durch eines der enolischen Hydroxyle bedingt (wahrscheinlich des -OH in 3-Stellung), welches durch Lauge titrierbar ist. Sie ist ferner in ihrer reversibel oxydierten Form mit Phenylhydrazin bzw. 2,4-Dinitrophenylhydrazin (KOTAKE und NISHIGAKI; OHLE; MENDIVE und DEULEFOU) zur Osazonbildung befähigt. Diese Reaktion dient außer zur Isolierung der Askorbinsäure auch zum allgemeinen Nachweis derselben. Im übrigen stützen sich alle chemischen Nachweismethoden auf die starke Reduktionskraft der Askorbinsäure.

Bezüglich der Synthese, die zuerst von REICHSTEIN sowie von HAWORTH und Mitarbeitern durchgeführt wurde, ist im Hinblick auf später zu erläuternde Befunde bemerkenswert, daß als Ausgangsmaterial das Oson der l-Xylose diente,

$$\begin{array}{c} \text{O} \quad \text{O} \quad \text{OH} \quad \text{H} \\ \| \quad \| \quad | \quad \quad | \\ \text{C}-\text{C}-\text{C}-\text{C}-\text{CH}_2\text{OH} \\ | \quad | \quad \quad | \\ \text{H} \quad \text{H} \quad \quad \text{OH} \end{array}$$

welches mittels Cyanhydrinsynthese in das Nitril einer Ketosäure übergeführt und durch Verseifung unter Bildung des Laktons in l-Askorbinsäure übergeht.

Von technisch größerer Bedeutung wurde die Synthese von MICHEEL: l-Sorbit (dargestellt aus d-Glucose durch katalytische Reduktion) wird durch bakterielle Oxydation (B. xylinum) in l-Sorbose umgewandelt. Über das Phenylosazon und nachfolgende Oxydation mit Brom wird aus dem l-Sorboson l-Xylo-2-Ketohexonsäure gewonnen. Ein anderer Weg führt über das Diacetonderivat der l-Sorbose unter nachfolgender Oxydation zur Carbonsäure und Entzug des Acetons ebenfalls zur l-Xylo-2-Ketohexonsäure (2-Ketogulonsäure), welche, da im Tautomerieverhältnis mit l-Askorbinsäure beim Kochen in mineralsaurer Lösung in diese übergeht.

Die reine Askorbinsäure krystallisiert in weißen Krystallen vom Schmelzpunkt 192°. Sie ist leicht löslich in Wasser, Methanol und Äthanol; die Löslichkeit nimmt in der Alkoholreihe mit der wachsenden Anzahl der C-Atome schnell ab. Gleichfalls schwerer löslich ist sie in Aceton, unlöslich in Äther, Benzin und Benzol. Die spezifische Drehung in 2 n-HCl-Lösung beträgt

$$\overset{20}{_D} = +24°; \quad E^0_h = +66 \text{ mV};$$

Redoxindikatorreihe: zwischen Methylenblau und Thionin. Die trockene krystallisierte Substanz ist gegenüber Belichtung, Luftsauerstoff und erhöhte Temperatur beständig, dagegen in wässeriger Lösung, zumal bei neutraler oder alkalischer Reaktion in Anwesenheit geringster Schwermetallspuren stark autoxydabel. Bei Abwesenheit von Luftsauerstoff ist die reduzierte Askorbinsäure auch in wässeriger Lösung haltbar, nicht dagegen in ihrer Dehydroform; Dehydroaskorbinsäure unterliegt auch unter Sauerstoffausschluß einem anoxydativen Zerfall, dessen Intensität durch Temperatur, p_H und Pufferung des Lösungsmittels verschieden beeinflußt werden kann (MOLL und WIETERS, KERTESZ, DEARBORN und MACK). Die Oxydation der Askorbinsäure an der Luft wird durch Schwermetalle katalytisch beschleunigt (v. EULER, MYRBÄCK und LARSSON, KELLIE und ZILVA, KLODT und STIEB, KU). Daß trotz dieser Labilität die Askorbinsäure in pflanzlichem und tierischem Organismus bei gleichzeitiger Anwesenheit von Schwermetallspuren vorwiegend in ihrer reduzierten Form angetroffen wird, beruht, wie bereits oben erwähnt, auf der Wirkung oxydationshemmender Schutzstoffe. DE CARO und GIANI sowie MAWSON konnten nachweisen, daß Cystein und Glutathion Askorbinsäure zu schützen vermögen, obwohl in vitro HS-Glutathion einmal gebildete Dehydroaskorbinsäure in äquivalenter Menge nicht mehr zu reduzieren vermag [PFANKUCH (1), BERSIN, KÖSTER und JUSATZ]. Dagegen findet bei 25fachem Überschuß des Glutathions eine Reduktion der Askorbinsäure bis zu 15% statt (BORSOOK, ELLIS und HUFFMANN, BORSOOK, DAVENPORT, JEFFREYS und WARNER). Auf dem Wege der Schwermetallbindung und Enzymdestruktion entfaltet das Glutathion seine Schutzwirkung auch gegenüber der Cu-haltigen Askorbinsäureoxydase [HOPKINS und MORGAN, STOLZ, HARRER und KING, STRAUB (2), welche von TAUBER und KLEINER] in Cucurbita maxima aufgefunden und später auch in anderen Pflanzensäften festgestellt wurde (s. bei WACHHOLDER).

In ähnlicher Weise wie die Sulfhydrilkörper wirken auch verschiedene Aminosäuren (KU) sowie Purinkörper (HOLTZ und KOECH) hemmend auf die Autoxydation der Askorbinsäure.

Die biologische Bedeutung der Askorbinsäure ist in erster Linie auf ihre Beziehungen zu einer Reihe von fermentativen und hormonalen Vorgängen im pflanzlichen und tierischen Organismus zurückzuführen. So wurde bereits von v. SZENT-GYÖRGYI (2) und MORAWITZ auf die Hemmung der Dopareaktion durch Askorbinsäure, welche die „Dopaoxydase" hemmt, hingewiesen, was auch von ABDERHALDEN (1, 2) experimentell bestätigt werden konnte. Wenn auch die Existenz einer spezifischen „Dopaoxydase" heute nicht mehr anerkannt wird, so ist die Stellung der Askorbinsäure in dieser Richtung mit der Aufdeckung verschiedener, gleichzeitig wirkender Oxydasen (Mono-phenoloxydase oder Tyrosinase) [s. bei RAPER (1, 2)], o- und p-Polyphenoloxydase [RAPER (1, 2), SUTTER, KEILIN und MANN (2)], Indophenoloxydase = Cytochromoxydase

[KEILIN, KEILIN und HARTREE (3)] nur erweitert worden, da sie gegenüber jedem dieser Enzyme eine Hemmungswirkung entfaltet. — Die Wirkungsweise der Tyrosinase ist nach neueren Vorstellungen komplexer Natur. ONSLOW und ROBINSON nahmen schon an, daß das Enzym, welches eine o-Diphenolase sein sollte, mit einem o-Chinon zusammenwirke, über welches der Wasserstofftransport gehe. RICHTER gibt folgendes Schema:

$$\text{Brenzkatechin-Derivat} + O_2 \xrightarrow{\text{Brenzkatechinoxydase}} \text{o-Chinon} + H_2O_2$$

$$\text{Monophenol} + \text{o-Chinon} \xrightarrow{\text{Dehydrase}} 2 \text{ Mol. Brenzkatechin-Derivat.}$$

Auch KEILIN und MANN (1), sowie KUBOWITZ (2), CALIFANO und KERTESZ sprechen sich auf Grund ihrer Untersuchungen an Pilz-, Kartoffel- und Tintenfischphenolasen dahingehend aus, daß die Oxydation der Monophenole eine nichtenzymatische Sekundärreaktion ist, deren Ausmaß von der bei der Polyphenoloxydation gebildeten Menge o-Chinon abhängig ist.

Es bestanden daher für die Askorbinsäure sowohl theoretisch wie praktisch zwei Angriffspunkte bei der Hemmung der Phenoloxydation, und zwar einmal durch unmittelbare Hemmung der Cu-haltigen [KUBOWITZ (2)] o- und p-Polyphenolasen, eine Eigenschaft, die sie nach dem vorhergehenden mit den Sulfhydrilkörpern teilt. Neuerdings hat HOLTZ besonders auf die nichtenzymatischen Angriffspunkte der Askorbinsäurehemmung bei der Phenoloxydation hingewiesen und gezeigt, daß diese Hemmung gegenüber Diphenolen nicht auf Kosten einer Askorbinsäureoxydation und (wahrscheinlich aus diesem Grunde) auch durch Dehydroaskorbinsäure ausgeübt wird. Die Hemmungswirkung zwischen Askorbinsäure und Brenzkatechinderivaten ist eine gegenseitige; d. h. auch Askorbinsäure wird in Anwesenheit von Brenzkatechin stabilisiert (YAMAMOTO). Der Mechanismus dieser gegenseitigen Hemmungsreaktion ist noch unklar; FRANKE (2) vermutet, daß es sich um eine Inhibitorwirkung des Phenolkörpers durch Unterbrechung von Radikalketten (HABER und WILLSTÄTTER) handelt.

Einigermaßen charakteristisch ist auch die Wirkung der Askorbinsäure im Zusammenspiel mit Glutathion auf die β-h-Fruktosidase. Sehr geringe Mengen (0,005 Mol) Askorbinsäure setzen die lytische Aktivität dieses Fermentes um mehr als die Hälfte herab. Diese Hemmung ist reversibel, und zwar wird sie durch Sulfhydrilkörper völlig aufgehoben (WEIDENHAGEN). Ganz das gleiche gilt für die Hemmung und Aktivierung der α-Amylase (AIZAWA) und β-Amylase (WEIDENHAGEN).

Vob EDLBACHER und LEUTHARDT ist erstmalig die Hemmung eines Thiolenzyms durch Askorbinsäure beschrieben worden; sie fanden eine Herabsetzung der Ureaseaktivität durch Askorbinsäure. Der Wirkungsmodus dürfte, wie unten noch näher ausgeführt wird, in einer relativen Positivierung des Redoxpotentials durch Askorbinsäure bzw. Dehydroaskorbinsäure zu suchen sein. TONO konnte nachweisen, daß die Hemmung der Ureasehydrolyse bei steigendem Redoxpotential bzw. bei zunehmender Umwandlung des Thiol- in das Disulfidenzym (z. B. durch H_2O_2 oder $CuSO_4 + O_2$) gleichbedeutend mit der Begünstigung der Harnstoffsynthese aus Ammoniumkarbaminat und Ammoniumcarbonat ist. Ganz allgemein läßt sich der Einfluß der Askorbinsäure auf die Hydrolasen vielleicht so formulieren, daß alle Enzyme, deren lytische Aktivität durch ein niedrigeres Redoxpotential als das des Systems Askorbinsäure-Dehydroaskorbinsäure gesteigert wird, durch dieses System gehemmt wird, uud daß eine solche Hemmung wohl immer gleichbedeutend ist mit einer Aktivierung der synthetisierenden Eigenschaften des betreffenden Enzyms. Gegenüber solchen Enzymen wirkt das System Askorbinsäure-Dehydroaskorbinsäure wie Sauerstoff, weil es die energetisch günstigste Verbindung zwischen dem Thiolwasserstoff und dem Sauerstoff vermittelt. Umgekehrt werden Enzymhydrolysen durch Thiol aktiviert, weil R · SH die Umsetzung der Askorbinsäure hemmt und das Redoxpotential niedrig hält. Wiederum analoge Verhältnisse wie man sie bei dem „Lipaseaktivator", der β-h-Fruktosidase, der α-Amylase, β-Amylase und schließlich der Urease nachgewiesen hat, sieht man auch bei den übrigen Thiolenzymen, also vor allem bei Kathepsin und Papain. Auch diese Enzyme entfalten ihre hydrolytische Aktivität bei ausgesprochen niedrigen Redoxpotentialen; ihre lytischen Fähigkeiten werden durch HCN, H_2S, Sulfit, Cystin, Glutathion, Thiokarbonsäuren u. ä. aktiviert. Positivierung des Redoxpotentials, was zu einer Oxydation dieser Aktivatoren und schließlich der Thiolenzyme zu den betreffenden Disulfidenzymen führt, läßt ihre lytische Aktivität erlöschen; mit größter Wahrscheinlichkeit wird auch hier angenommen, daß die Verschiebung des Redoxpotentials in positive Bereiche z. B. auch durch Askorbinsäure zu einer Aktivierung synthetisierender Eigenschaften führt (BÖGER und SCHRÖDER, BERSIN und KÖSTER). Schon vor 30 Jahren fand LAQUEUR, daß Sauerstoff die Proteolyse hemmt. Nach neueren Untersuchungen kann es als gesichert gelten, daß der Eiweißumsatz vom Redoxpotential gesteuert wird (s. hierzu RONDONI). Allgemein ausgedrückt könnte folgendes Schema gelten:

Reduktion ⇌ Oxydation
↓ ↓
Proteolyse Proteosynthese

Die Beeinflussung dieses Mechanismus durch Askorbinsäure könnte seine folgerichtige Erklärung finden, wenn man entgegen der bisher herrschenden Auffassung die Annahme (für welche im übrigen vieles spricht) zugrunde legen würde, daß die unter R · SH-Schutz stehende reduzierte Askorbinsäure nur eine stabile Speicherform im lebenden Organismus darstellt, dagegen die labile Dehydroaskorbinsäure die aktive „Stoffwechselform" dieses Redoxkatalysators und Enzymaktivators ist. Teilweise hypothetisch könnte folgendes Schema für das Zusammenspiel von Proteinasen, Sulfhydrilkörpern und Askorbinsäure als Arbeitshypothese zugrunde gelegt werden:

1. $2\,\text{Enz-SH} + \text{GSSG} \rightleftarrows \text{Enz-SS-Enz} + 2\,\text{GSH}$.
2. $2\,\text{GSH} + \text{Dehydroaskorbinsäure} \rightarrow \text{GSSG} + \text{Askorbinsäure}$
3. $\text{Askorbinsäure} + 2\,\text{Cytochrom c}^{+++} = \text{Dehydroaskorbinsäure} + 2\,\text{Cytochrom c}^{++}$
(usw. über das Cytochrom-Cytochromoxydase-Katalasesystem).

Dieses Schema dürfte mit allen bisher bekannten Einzeltatsachen über das Zusammenwirken von Askorbinsäure und Glutathion im Einklang stehen. Aus diesem Schema ergibt sich zwangslos die Herstellung einer ziemlich unmittelbaren Verbindung zwischen Protein und Sauerstoff. Der Proteinwasserstoff (Protein-SH) gleitet in einer thermodynamisch verständlichen Reaktionsfolge über Glutathion-Dehydroaskorbinsäure zum Cytochrom, ohne daß irgendwelche nennenswerten Potentialsprünge in dieser Kette vorhanden sind. Fehlt Askorbinsäure, so kommt es zu einer Ansammlung von GSH (eine bekannte Erscheinung beim Skorbut) und damit zur Aktivierung der Eiweißhydrolyse und zum Eiweißzerfall.

Die Funktion der Askorbinsäure besteht somit zwar auch in der Rolle eines Wasserstoffüberträgers, aber in einem etwas anderen Sinne als man diesen Begriff bei den Dehydrasen verwendet. Hier handelt es sich lediglich um den von Enzymen und zwar von Hydrolasen stammenden Wasserstoff, der von der Dehydroaskorbinsäure aufgenommen und an den Sauerstoff bzw. an Oxydasen weitergegeben wird, also um einen energetisch ziemlich bedeutungslosen, dagegen kinetisch außerordentlich wichtigen Vorgang; denn durch ihn kommt es zu einer Invertierung der Enzymwirkung in Richtung auf die Synthese. — Es wird bei der Betrachtung der Wirkungsweise der Hydrolasen häufig übersehen, daß auch sie Systeme von Redoxkatalysatoren darstellen, wenn man sie auch nicht zu den „Redoxasen" rechnet. Nichtsdestoweniger ist zu beachten, daß gerade die durch Askorbinsäure beeinflußbaren Enzyme Hydrolasen von ausgesprochenem Redoxcharakter sind.

Es würde sich somit ferner der Schluß ergeben, daß die Hydrolasen durch das Askorbinsäure-Glutathionsystem gesteuert werden, wobei der in diesem System ausgetauschte Wasserstoff unter Umgehung der Dehydrasen, gelben Fermente und der Diaphorase direkt an Luftsauerstoff, bzw. bei höheren Lebewesen über das Cytochrom-Cytochromoxydasesystem an den Sauerstoff abgegeben wird.

VI. Askorbinsäure und Anaerobenwachstum.

Ursprünglich von anderen Überlegungen ausgehend habe ich mich schon vor Jahren in zahlreichen Versuchen mit dem Einfluß der Askorbinsäure auf das Bakterienwachstum und insbesondere auf das Anaerobenwachstum beschäftigt. Auf Grund dieser Versuche, die ich wegen des Krieges bis zur Zeit noch nicht bis zu einem solchen Abschluß bringen konnte, daß sich die im vorhergehenden auseinandergesetzte These von der Rolle der Dehydroaskorbinsäure endgültig daraus beweisen ließe, glaube ich die bisherigen Ergebnisse jedoch bereits jetzt und wenigstens vorläufig in diesem Sinne deuten zu dürfen.

Versuche.

Von der noch ziemlich allgemein gehaltenen Vermutung ausgehend, daß die Askorbinsäure wegen ihrer weiten Verbreitung in Tier- und Pflanzenwelt ein Stoff von grundlegender biochemischer Bedeutung sein müsse, der in seiner Wirkung mit ähnlichen weit verbreitet vorkommenden biologischen Grundprinzipien funktionell gekoppelt sein müsse, erprobte ich die Askorbinsäure in ihrer Wirkung auf das Bakterienwachstum. Die starke Reduktionswirkung der Askorbinsäure gab Grund zu der Annahme, daß sie vielleicht geeignet sein könne für die Anaerobenzüchtung. Zunächst ohne Kenntnis über die bereits im Jahre 1936 von EHRISMANN (2) veröffentlichten Versuche über das gleiche Thema, begann ich im Herbst 1938 verschiedene Anaerobenstämme, wie B. tetani, B. botulinus, B. perfringens, B. oedematiens Novy, B. histolyticus u. a. in einer gewöhnlichen Bouillon (1% Pepton, 0,5% Kochsalz, $p_H = 7{,}5$) unter Zusatz von Askorbinsäure zu züchten. Der Grundgedanke war zunächst der, daß die Askorbinsäure als ein biologisch zu mindest unschädlicher Stoff wegen seines starken Reduktionsvermögens und der damit verbundenen Autoxydabilität den Sauerstoff in der Nährlösung sowie auch etwa nachdringenden Luftsauerstoff binden und somit wenigstens für eine gewisse Zeit den Anaerobiern die Ent-

Tabelle 1. Prüfung verschiedener Anaerobenstämme in Askorbinsäurebouillon.

Nr.	Keimart	Herkunft	Wachstumsstärke nach 12 Stunden	nach 24 Stunden	nach 72 Stunden	Versporung am
1	B. tetani	Laborstamm I, Hyg. Inst.	+++	++++	++++	5.—6. Tag
2	B. tetani	Laborstamm II, Hyg. Inst.	+++	++++	++++	5.—6. Tag
3	B. tetani	Aus Gartenerde	+++	++++	++++	5. Tag
4	B. tetani	Behringwerke, Nr. 1	++	++++	++++	4.—5. Tag
5	B. tetani	Behringwerke, Nr. 2	+++	++++	++++	5. Tag
6	B. botulin.	Laborstamm I, Hyg. Inst.	+++	++++	++++	5. Tag
7	B. botulin.	Laborstamm II, Hyg. Inst.	++	+++	+++	4. Tag
8	B. botulin.	Behringwerke	+++	++++	++++	5.—6. Tag
9	B. perfringens	Laborstamm I, Hyg. Inst.	++	+++	++++	4.—5. Tag
10	B. perfringens	Laborstamm II, Hyg. Inst.	++	++++	++++	4. Tag
11	B. perfringens	Laborstamm III, Hyg. Inst.	+++	+++	++++	4.—5. Tag
12	B. perfringens	Aus Gartenerde Nr. 1	+++	++++	++++	4. Tag
13	B. perfringens	Aus Gartenerde Nr. 2	+++	++++	++++	4.—5. Tag
14	B. perfringens	Aus Gartenerde Nr. 3	+++	+++	+++	3.—4. Tag
15	B. perfringens	Med. Unters.-Amt, Nr. 1	++++	++++	++++	5.—6. Tag
16	B. perfringens	Med. Unters.-Amt, Nr. 2	++++	++++	++++	4.—5. Tag
17	B. perfringens	Med. Unters.-Amt, Nr. 3	+++	++++	++++	5. Tag
18	B. Novy	Laborstamm, Hyg. Inst.	++	++++	++++	4. Tag
19	B. Novy	Behringwerke	++	+++	++++	4.—5. Tag
20	Rauschbrandbac.	Laborstamm, Hyg. Inst.	++	++++	++++	4. Tag
21	Pararauschbrandbac.	Laborstamm, Hyg. Inst.	++	+++	++++	4. Tag
22	B. putrif. verrucos.	Aus Gartenerde	+++	++++	+++++	5. Tag
23	B. putrif. verrucos.	Aus faulem Fleisch	++++	++++	++++	5.—6. Tag
24	B. histolyticus	Laborstamm, Hyg. Inst.	+++	++++	++++	4. Tag

wicklung und Vermehrung ermöglichen würde. Schon in den ersten tastenden Versuchen bewahrheiteten sich diese Überlegungen.

Durch Zusatz von etwa 10 mg-% Askorbinsäure in neutralisierter Form als Na-Askorbinat („Redoxon" der Firma Hoffmann-La Roche, Berlin) gelang es, praktisch alle als strenge Anaerobier bekannten Bakterienarten in einer gewöhnlichen Nährbouillon zu züchten und auch in beliebig häufigen Passagen in Askorbinsäurebouillon am Leben zu erhalten. Da alle Keimarten sich in meinen Versuchen völlig gleichartig in der Askorbinsäurebouillon verhielten, kann zusammenfassend im folgenden immer von Anaerobiern gesprochen werden. Die Untersuchungen wurden an Anaerobiern vorgenommen, die teils als Laboratoriumsstämme vorhanden waren, teilweise freundlicherweise von den Behringwerken überlassen wurden oder auch aus dem Untersuchungsmaterial des Marburger Medizinaluntersuchungsamtes sowie schließlich auch aus Erdproben erhalten worden waren. Die beifolgende Tabelle gibt einen Überblick über einige der geprüften Anaerobenstämme und ihre Wachstumsstärke sowie über den Zeitpunkt der Versporung. Die Wachstumsstärke wurde schätzungsweise nach dem Grad der eingetretenen Trübung beurteilt. Als Versporung wird das sich im mikroskopischen Präparat ergebende Bild bezeichnet, in welchem man ohne längeres Suchen vorwiegend Sporen findet und nur noch spärlich wohlausgebildete Stäbchen. — Das wesentliche Ergebnis dieser ersten Versuche war, daß in Askorbinsäurebouillon das Wachstum stets ein rascheres und kräftigeres war als vergleichsweise in einer Leberbouillon; auffallend war stets die überaus gleichmäßig kräftige Ausbildung der Einzelindividuen sowie die erst spät einsetzende Versporung. — Selbstverständlich wurden die untersuchten Stämme laufend auf Reinheit sowie auf eine etwa erworbene Eigenschaft zu aerobem Wachstum geprüft. Nachdem sich im wesentlichen ein ziemlich gleichartiges Verhalten der Anaerobenstämme in Leberbouillon ergeben hatte, stellte ich die optimale und minimale Askorbinsäurekonzentration, die zur Einleitung des Anaerobenwachstums erforderlich war, fest. Die Prüfung der verschiedenen Anaerobenarten in wiederholten Versuchen ergaben, daß in steigender Verdünnungsreihe ein Wachstum bis in eine Askorbinsäureverdünnung von 1:10000 für alle geprüften Anaerobenstämme ermöglicht wird. Einzelne Stämme wuchsen gelegentlich auch noch bei einer Askorbinsäurekonzentration von 1:20000.

Es hat bisher an jeder Erklärung für die Erscheinung gefehlt, daß durch die Askorbinsäure überhaupt das Anaerobenwachstum ermöglicht wird, da es aus den Untersuchungen HEWITTS bekannt ist, daß unter den zu Anaerobenzüchtung bisher angewandten Bedingungen das Redoxpotential viel stärker negativ ist bzw. durch aktive Stoffwechselleistungen der Anaerobier stärker erniedrigt wird als dem Redoxpotential der Askorbinsäure entspricht.

Von ARAKI wird der Schwellenwert der Redoxskala, welcher zur Einleitung des Anaerobenwachstums gerade unterschritten worden muß, mit $r_H = 14$ angegeben. Dieser Wert entspricht gerade dem O.R.P. der Normal-Wasserstoffelektrode bei $p_H = 7$:

$$r_H = \frac{E_h + p_H \cdot 57{,}7}{28{,}85}$$

für $r_H = 14$, also $E_h = 0$.

Und dieses Potential soll durch Zugabe von 0,4 mg Askorbinsäure pro 1 ccm (also eine Verdünnung von 1:2500) zu einer gewöhnlichen Nährbouillon erreicht werden. Diese Askorbinsäurekonzentration stellt zwar nach meinen Untersuchungen nicht gerade das Minimum für die Einleitung des Anaerobenwachstums dar; aber derartige Unterschiede in den Befunden können leicht ihre Erklärung finden, z. B. in dem unterschiedlichen Redoxpotential der Nährbouillon vor der Zugabe der Askorbinsäure. So wird eine frisch bereitete bzw. kurz vor der Beimpfung noch einmal erhitzte Bouillon schon von vornherein ein niedrigeres Gesamtpotential besitzen, da durch die Erhitzung der gelöste Sauerstoff aus der Nährlösung vertrieben worden ist und außerdem in mehr oder weniger starkem Umfang aus Eiweiß und Kohlehydraten der Nährlösung andere reduzierende Gruppen freigelegt werden können, so daß die zuzufügende Menge an Askorbinsäure geringer zu sein braucht. Wesentlich ist die Feststellung ARAKIS vor allem deswegen, als somit auch durch Kontrolle des Redoxpotentials sichergestellt wurde, daß das Wachstum der Anaerobier nicht, wie man früher glaubte, nur in sehr negativen Redoxbereichen [—0,3 bis —0,4 V (HEWITT)] vor sich gehe, sondern auch bei dem relativ hohen Potential der Askorbinsäure.

Bedeutung der Redoxkatalysatoren für Bakterien und Bakterienenzyme. 121

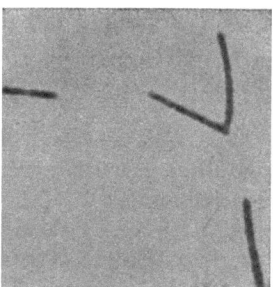

Abb. 5a. Tetanusbacillen in Askorbinsäurebouillon nach 14 Stunden. Vergrößerung 1:800.

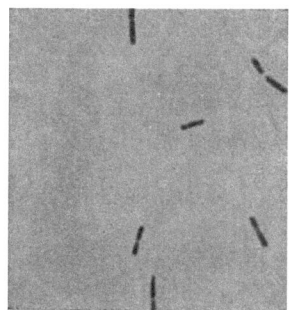

Abb. 5b. Tetanusbacillen in Leberbouillon nach 14 Stunden.

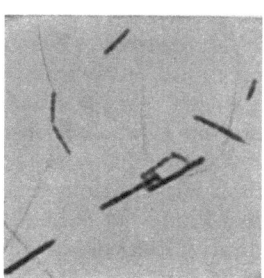

Abb. 6a. Tetanusbacillen in Askorbinsäurebouillon nach 24 Stunden.

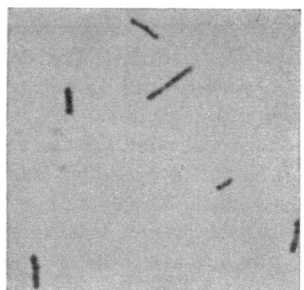

Abb. 6b. Tetanusbacillen in Leberbouillon nach 24 Stunden.

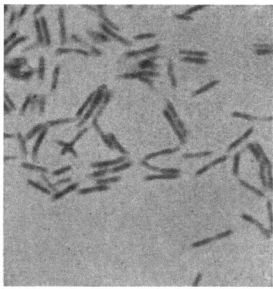

Abb. 7a. Tetanusbacillen in Askorbinsäurebouillon nach 72 Stunden.

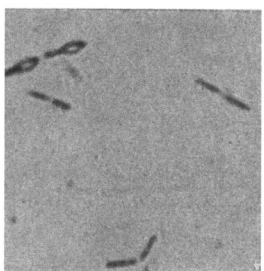

Abb. 7b. Tetanusbacillen in Leberbouillon nach 72 Stunden.

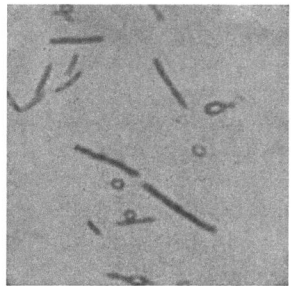

Abb. 8a. Tetanusbacillen in Askorbinsäurebouillon nach 6 Tagen.

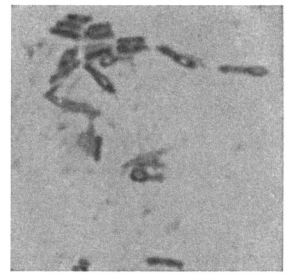

Abb. 8b. Tetanusbacillen in Leberbouillon nach 6 Tagen.

Es erhebt sich aber nun die Frage, welcher dieser beiden Potentialbereiche für das Anaerobenwachstum bzw. für den Stoffwechsel der Anaerobier der biologisch günstigere ist, und aus welchem Grunde man in gewöhnlichen Anaerobenkulturen (ohne Verwendung von Askorbinsäure) ein so stark negatives Redoxpotential findet.

Wie bereits erwähnt, fiel bei der Züchtung der Anaerobier in Askorbinsäurebouillon die morphologisch regelmäßige kräftige Ausbildung der Einzelindividuen auf. Diese Erscheinung wurde zum Gegenstand einer besonderen Untersuchung gemacht [BÜSING (1)], indem Kulturen von Tetanusbacillen in Askorbinsäure- und Tarozzibouillon angelegt wurden und nun in 10—20stündigen Abständen mikroskopische Präparate aus diesen Kulturen hergestellt wurden (s. Abb. 5a bis 8b). Der Vergleich der hierbei zutage tretenden morphologischen Unterschiede hatte folgendes Ergebnis:

Nach 14stündiger Bebrütung war in Askorbinbouillon bereits kräftiges Wachstum unter starker Trübung der Nährlösung eingetreten. Die Stäbchen waren von auffallender Länge und Breite. In Leberbouillon dagegen war das Wachstum noch spärlich. Die einzelnen Stäbchen waren etwa 2—5mal kleiner und 2—3mal schmäler als die in Askorbinsäurebouillon gewachsenen Tetanusbacillen. Nach 24 Stunden war die Trübung in Askorbinsäurebouillon noch dichter geworden. Die einzelnen Stäbchen waren auch jetzt noch in überwiegender Anzahl von großer, kräftiger Form. In Leberbouillon war jetzt die diffuse Trübung auch etwas stärker geworden, die Einzelindividuen etwas derber, im ganzen jedoch hinter der Ausbildung der in Askorbinsäurebouillon enthaltenen Stäbchen deutlich zurückgeblieben. — In Askorbinsäurebouillon ging die Keimvermehrung auch in den folgenden Stunden ungehindert weiter, wobei jedoch auffiel, daß z. B. nach 72 Stunden die Stäbchen in Länge und Breite etwas zurückblieben. Gleichzeitig trat jedoch zu dieser Zeit in der Leberbouillon bereits Versporung ein. Während schließlich die Leberbouillonkultur nach 6 Tagen völlig versport war, enthielt die Askorbinsäurebouillon immer noch reichlich vegetative Formen, in mäßigem Umfang auch Sporen. Die Stäbchen selbst waren zu dieser Zeit teils von derber, teils aber auch von schwächerer und unregelmäßiger Gestalt. — Im ganzen machten die in Leberbouillon gewachsenen Tetanusbacillen stets einen etwas „aufgefaserten" Eindruck; ihre Umrisse waren stets etwas unscharf, häufig sah man auch Körnelungen im Zelleib. Die Tetanusbacillen in Askorbinsäurebouillon dagegen waren stets scharf begrenzt und von gleichmäßiger Beschaffenheit der Protoplasmastruktur.

Diese Gegenüberstellung läßt ohne weiteres den Schluß zu, daß die Zugabe von Askorbinsäure zum Nährboden nicht allein die Beseitigung des darin enthaltenen Sauerstoffes bewirkt, sondern darüber hinaus dem Nährboden besondere biologische Eigenschaften gibt, die eine bessere Ausbildung und Vermehrung der Keime für längere Zeit bewirkt, als dies in einer Leberbouillon der Fall ist. Aus diesem Grunde ist die Bedeutung der Askorbinsäure nicht zu vergleichen mit der Wirkung der früher erwähnten anorganischen reduzierenden Substanzen, welche man früher zu Anaerobenzüchtung empfohlen hat. Die Erniedrigung des Redoxpotentials bis auf eine Stufe, welche den Anaerobiern gerade Wachstum und Vermehrung ermöglicht, ist ja bekanntlich nicht allein durch solche reduzierenden Substanzen sondern auch durch einfaches Evakuieren zu erreichen, also durch physikalische Entfernung und anschließende Fernhaltung von Sauerstoff. Mit keiner dieser Methoden ist aber eine solche geradezu physiologisch erscheinende Begünstigung der Keimentwicklung zu erzielen wie durch Askorbinsäure. Die völlige Fernhaltung des Sauerstoffes nach Einleitung des Anaerobenwachstums muß schon seit den Untersuchungen von BURRI und KÜRSTEINER und CHUDIAKOW als für die Anaerobenkultur unphysiologisch gelten. Hat man daher die Absicht, solche Bakterien unter optimalen Bedingungen zu züchten, so ist auf eine richtig dosierte Sauerstoffzufuhr zu achten. Eine Annäherung an solche optimalen Bedingungen ist z. B. schon in einer Tarozzibouillon gegeben, in welcher Anaerobier bei Luftzutritt gezüchtet werden. Nach den vorstehend beschriebenen Versuchen ist aber anzunehmen, daß in einem solchen Nährmedium wegen der darin eintretenden starken Negativierung des Redoxpotentials eine Erschwerung der Sauerstoffverwertung eintritt. Die Ermöglichung des Anaerobenwachstums in einer Leberbouillon beruht vorwiegend auf dem Gehalt der Organstückchen an reduzierenden Substanzen wie Glutathion bzw. Cystein. Die Tätigkeit der gerade bei Anaerobiern besonders entwickelten proteolytischen Enzyme wird durch diese Enzymeffektoren in Richtung einer Lyse gelenkt, wodurch es wiederum zu einem weiteren Sinken des Redoxpotentials kommt. Das weitere Auftreten stark reduzierender Substanzen führt zu einem fast völligen Abschluß vom Sauerstoff und die enzymatische Tätigkeit der Keime wird unphysiologischerweise auf Hydrolasentätigkeit beschränkt; Dehydrasensysteme, über welche die Anaerobier, wie oben bereits erwähnt, wie alle anderen Lebewesen ebenfalls verfügen, werden unter solchen Bedingungen lahm gelegt, ja es kommt zu einer Umkehr des Wasserstofftransportes, so daß dieser über eine Art Notventil, nämlich die Hydrolyasen, in Freiheit gesetzt wird. Auch die Entwicklung von Schwefelwasserstoff und Methan stellt eine unter solchen anaeroben Bedingungen wohl kaum freiwillige Form der Wasserstoffentledigung dar. Die Folge dieser „Stoffwechselentgleisung" ist eine von vornherein spärlichere Entwicklung der gesamten Kultur und dürftigere Ausbildung der Einzelindividuen; es scheint sogar, als ob die Auffaserung der Bakterienstruktur als eine Selbstandauung durch Proteasen aufzufassen ist; bereits nach 72 Stunden ist in einer solchen Kultur die Existenzmöglichkeit für die Anaerobier erschöpft, so daß sie sich versporen müssen. — In einer Askorbinsäurebouillon dagegen wird die Proteasentätigkeit zum großen Teil in Richtung auf die Synthese gelenkt, was dem Größenwachstum und der typischen Formausbildung der Einzelindividuen zugute kommt. Die Periode des vegetativen Wachstums wird durch die Anwesenheit der Askorbinsäure und der durch sie hergestellten Verbindung zum Sauerstoff verlängert. Die Nährlösung wird durch die Askorbinsäure auf einem für die Entwicklung der Keime günstigeren, höheren Redoxpotential fixiert. Diese Beschwerung des gesamten Systems verhindert auch ein zu frühes Absinken des Redoxpotentials in zu niedrige Bereiche. Wie bereits in dem einleitenden Abschnitt erläutert, dürfte die Wirkungsform der Askorbinsäure bei der Begünstigung der Assimilation durch Aktivierung katheptischer Enzyme in Richtung auf die Eiweißsynthese, ihre oxydierte Stufe, also die Dehydroaskorbinsäure sein, die ja vorübergehend in genügender Menge durch Autoxydation aus der zugesetzten Askorbinsäure entsteht. Ob die Askorbinsäure im Stoffwechsel der Anaerobier als niedermolekularer Wasserstoffüberträger im Zusammenspiel mit Dehydrasen auch direkt oxydative Stoffwechselvorgänge begünstigt, kann noch nicht hinreichend belegt werden, ist aber nicht unwahrscheinlich. Auch wäre daran zu denken, daß die Askorbinsäure als autoxydabler und leicht reduzierbarer Redoxkörper die Funktion eines Atmungsfermentes ausüben könnte. EHRISMANN (3) erwähnt insbesondsre auch die katalatische bzw. peroxydatische Wirkung der Askorbinsäure, welche sich gerade bei den Anaerobiern, denen Katalase und Peroxydase fehlen soll, auf die Abwicklung oxydativer Vorgänge begünstigend auswirken muß.

Mit der Wachstumsbegünstigung der Anaerobier durch Askorbinsäure ist bei den Toxinbildnern auch stets eine verstärkte Toxinproduktion verbunden (s. auch GUILLAUMIE). Diese Erscheinung war schon bei gelegentlichen Prüfungen auf die Identität und Reinheit der benutzten Stämme aufgefallen und wurde später am Beispiel des Tetanusbacillus näher untersucht [BÜSING (2)]. Aus den beigegebenen Tabellen ergibt sich, daß in einer gewöhnlichen Nährbouillon unter

Tabelle 2. Toxinauswertung eines Leberbouillonfiltrates.

Nährsubstrat: Leberbouillon nach TAROZZI. Im Vorversuch ermittelte annähernd tödliche Dosis: 0,125 ccm. Zur Toxinauswertung Anlegung einer geometrischen Reihe zwischen 1,0—0,001; Steigung etwa 76%; T tot; + Grade der Intoxikation.

Lfd. Nr.	Verabreichte Dosis	Stunden nach der Injektion							
		12	24	36	48	60	72	84	96
1	1,0	+	+++	T					
2	0,57	+	++	T					
3	0,32	+	++	T					
4	0,176	—	+	+	+++	T			
5	0,1	—	—	+	++	++	+++	T	
6	0,057	—	—	+	+	+	—	—	—
7	0,032	—	—	—	—	—	—	—	—
8	0,0176	—	—	—	—	—	—	—	—
9	0,01	—	—	—	—	—	—	—	—

Ergebnis: D. l. m. = 0,1 ccm.

Zugabe von Askorbinsäure in einer Konzentration von 1:1000 die Toxinproduktion innerhalb von 7 Tagen rd. 100mal stärker ist als vergleichsweise in einer Leberbouillon. Die Ursache dieser verstärkten Toxinproduktion ist nach dem voraufgegangenen vor allem in dem stärkeren Wachstumsimpuls, dem größeren Synthesevermögen auch bezüglich der Toxinsynthese und in der Verlängerung der vegetativen Lebensdauer der Kultur zu suchen. Andererseits ist das schwache Toxinbildungsvermögen der Tetanusbacillen in Leberbouillon auf die entsprechend geringere, langsamere und auch zeitlich begrenzte Keimvermehrung zurückzuführen; wahrscheinlich dürfte auch die stärkere Säurebildung aus Leberglykogen der Toxinbildung und -erhaltung abträglich sein, da bekanntlich gerade das Tetanustoxin gegen p_H-Erniedrigung empfindlich ist und bei einem p_H von rd. 5—5,5 völlig inaktiviert wird.

Der Wirkungsmechanismus der Askorbinsäure bei der Anaerobenzüchtung unterscheidet sich daher im Prinzip nicht von dem im tierischen Organismus, da auch hier ihre Bedeutung als Aktivator der Synthese deutlich in Erscheinung tritt.

Es geht aus diesen Versuchen im Zusammenhang mit den voraufgegangenen Erörterungen hervor, daß die Bezeichnung: Anaerobier im strengen Sinne nicht zutreffend ist, wenn man, der gebräuchlichen Definition folgend, darunter Lebewesen versteht, die nur unter Sauerstoffausschluß zu leben vermögen. Lediglich gewisse Enzyme dieser Bakterien bedürfen ganz analog den Verhältnissen bei höheren Lebewesen eines entsprechend niedrigen Redoxpotentials zur Entfaltung ihrer Wirkung. Im übrigen ist aber eine wohlabgestufte Verbindung zwischen Substrat und Sauerstoff auch für diese Lebewesen nicht allein tragbar, sondern zu ihrer optimalen Entwicklung unerläßlich. Bei den bisher gebräuchlichen Methoden der Anaerobenzüchtung wurde der Sauerstoffab- und -ausschluß stets als die hauptsächlichste Vorbedingung für das Wachstum der Anaerobier angesehen und auch für ausreichend erachtet, weil unter diesen Bedingungen die Anaerobier tatsächlich für kurze Zeit zur Entwicklung gebracht werden können. Durch den Ausschluß des Sauerstoffes bzw. infolge einer Unterbrechung der Verbindung zwischen Substrat und Sauerstoff müssen sich diese Keime aber auf reine Hydrolasentätigkeit beschränken oder können nur

Tabelle 3. Toxinauswertung eines Askorbinsäurebouillonfiltrates.
Nährsubstrat: Gewöhnliche Bouillon (1% Pepton, 0,5% NaCl; $p_H = 7{,}2$) + Na-Askorbinat (Redoxon „Roche") 0,1%. Im Vorversuch ermittelte annähernd tödliche Dosis = 0,001 ccm. Zur Toxinauswertung Anlegung einer geometrischen Verdünnungsreihe zwischen 0,01—0,00044 ccm; Steigung etwa 40%.

Lfd. Nr.	Verabreichte Dosis	Stunden nach der Injektion						
		12	24	36	48	60	72	84	96
10	0,01	+++	T						
11	0,007	+++	T						
12	0,005	++	T						
13	0,0035	++	T						
14	0,0025	+	+	++	T				
15	0,00176		+	++	T				
16	0,00125	—	—	++	+++	T			
17	0,00088	—	—	+	++	+++	+++	T	
18	0,00063	—	—	—	+	+	+	++	++
19	0,00044	—	—	—	—	—	+	+	+

Ergebnis: D. l. m. = 0,00088 ccm.

in kleinem Umfang für kurze Zeit bis zur Erschöpfung anderer etwa vorhandener Wasserstoffacceptoren eine oxydative Stoffwechseltätigkeit entfalten. Diese Beschränkung des Stoffwechsels auf hydrolytische Prozesse führt aber zu einer Anhäufung potentialnegativer Stoffe. Wenn auch die Anaerobier mit Hilfe von Hydrolyasen in der Lage sind, auch nach Absättigung aller greifbaren Wasserstoffacceptoren in einem solchen Milieu zu leben, so zeigt doch die allgemein schlechtere Entwicklung einer solchen Kultur, die frühe Versporung, die ungleichmäßige Formausbildung der Einzelindividuen usw., daß es sich bei dieser eingeschlagenen Richtung des Stoffwechsels nur um einen Notbehelf handeln kann. Wie bereits erwähnt, ist auch die unökonomische Freisetzung von Stoffen wie H_2, Methan und Schwefelwasserstoff, die gerade unter den Bedingungen der idealen Anaerobiose aufzutreten pflegen, mit der Vorstellung einer biochemisch verständlichen Substratverwertung nicht vereinbar. — Enthält aber das Nährmedium einen Redoxkatalysator von geeignetem mittleren Potential, der sowohl in der Lage ist, das Gesamtpotential des Nährmediums in einem Bereich zu fixieren, der sowohl die Lyse wie auch die Synthese zuläßt und andererseits auch etwa anfallenden Wasserstoff entweder direkt oder über Enzymsysteme mit Sauerstoff zu Reaktion zu bringen, so findet eine optimale Entwicklung der „Anaerobier" statt. Die Eigenschaft der Enzymaktivierung durch Erniedrigung des Redoxpotentials sowie die Fähigkeit zur Autoxydation besitzen zwar Stoffe wie Cystein, Glutathion, Dithioglykolsäure u. ä. ebenfalls und sind wegen dieser Eigenschaften bereits vor langer Zeit auch schon zur Anaerobenzüchtung herangezogen worden [BERTHELOT, QUASTEL und STEPHENSON (2), FREI und RIEDMÜLLER (1, 2)]. Ihr eigenes niedriges Redoxpotential, welches unterhalb dem der Askorbinsäure liegt, und ihre darauf begründete spezifische Aktivierung der Proteolyse haben nur eine einseitige Wirkung, nämlich eine dissimilatorische. Am einleuchtendsten geht dies z. B. aus den Versuchen von MEZZADROLI und VICENTINI hervor, welche zu dem Ergebnis kommen, daß Cystein und Glutathion auf die Hefegärung einen fördernden Einfluß haben, dagegen das Wachstum hemmen. Die eigentliche Zellteilung hingegen wird wiederum durch Thiolverbindungen gefördert (P. GYÖRGYI). Diese Eigenschaften sind auch die Ursache für die Kleinheit der Tetanusbacillen in einer Leberbouillon (vorzeitige Teilung) und die normale Größe in einer Askorbinsäurebouillon (Wachstumsimpuls). *In dem wohlabgestimmten Zusammenspiel der Thiolkörper mit der Askorbinsäure entscheidet sich somit im wesentlichen die optimale Proportionalität zwischen Assimilation und Dissimilation.*

Tabelle 4. Bakterienwachstum mit und ohne Askorbinsäure.

	Mit 1% Askorbinsäure		Ohne Askorbinsäure	
	nach 15 Stunden	nach 40 Stunden	nach 15 Stunden	nach 40 Stunden
B. typhi	+	+++	—	+
B. Gärtner	++	+++	++	++
B. Breslau	+++	++++	++	++
B. Schottmüller	+++	+++	(+)	++
B. suipestifer	++	+++	++	++
B. Kruse-Shiga	—	+	—	+
B. Flexner	—	+	—	+
B. avisepticus	(+)	+++	(+)	(+)
B. ratti	—	+++	—	++
B. erysipelatos suum	—	+	—	+
B. anthracis	—!	—!	(+)	++
B. coli aerogenes	+++	+++	(+)	+
B. coli (Mensch)	+++	++++	+++	+++
B. coli (Wasser)	++	++++	—	++
Staph. aureus	+	++	++	+++
Staph. albus	+	+	(+)	++
Staph. citreus	+	+	+	+
Strept. pyogen. (Serumbouillon)	+++	+++	++	++
Strept. agalactiae	+++	+++	++	+++
Strept. ovalis	+	++++	++	++
Sarcina citrea	+	+	+	+
B. proteus	++	+++	++	+++
B. pyocyaneus	++	+++	+++	++++
B. prodigiosus	++	+++	++	++++
B. pseudotuberkulosis rodent.	+++	+++	+++	+++

Es war durchaus naheliegend, die Rolle der Askorbinsäure im Stoffwechsel anderer Bakterien ebenfalls zu prüfen. Schon vor einigen Jahren hat man, von der naiven Vorstellung ausgehend, daß die Askorbinsäure als ein Stoff, der infektverhütend und infektheilend zu wirken vermag, vielleicht einen unmittelbar schädigenden Einfluß auf Krankheitserreger haben könnte, Versuche mit Askorbinsäure nach Art von Desinfektionsmittelprüfungen angestellt. Manche veröffentlichte Versuche dieser Art lassen erkennen, daß nicht unter der erforderlichen Beobachtung gewisser Nebenumstände (z. B. stärkere p_H-Verschiebungen durch Askorbinsäurezusatz) gearbeitet worden ist; andere sind ganz offenbare Fehlbeobachtungen. Notwendigerweise wurden von verschiedenen Untersuchern widersprechende Ergebnisse erhalten. — Im Herbst 1939 stellte ich selber an einer größeren Anzahl von Bakterienarten Versuche über die Beeinflussung ihres Wachstums durch die Askorbinsäure an. Die in der vorstehenden Tabelle aufgeführten Arten wurden in einer gewöhnlichen Bouillon mit 1% Na-Askorbinat geprüft. Es zeigte sich, daß mit einer Ausnahme von einer nennenswerten Beeinflussung des Wachstums bei diesen Bakterien keine Rede sein konnte. Von einer Wachstumshemmung konnte überhaupt nichts bemerkt werden, andeutungsweise ließen einige Arten unter Askorbinsäurezusatz ein etwas üppigeres und rascheres Wachstum erkennen. Sehr bemerkenswert war das Verhalten des streng aerophilen Milzbrandbacillus in einer solchen Askorbinsäurebouillon: er zeigte tatsächlich eine völlige Wachstumshemmung. Dieser zunächst unwahrscheinliche Befund wurde mehrmals mit gleichem Erfolg an verschiedenen Milzbrandstämmen erhoben. Ferner prüfte ich, von welcher Konzentration an sich diese Wachstumshemmung bemerkbar mache. Es ergab sich, daß Mengen von 500—12,5 mg-% Askorbinsäure das Wachstum zwar nicht mehr völlig unterdrücken aber die Entwicklung der Kultur deutlich hinter einer solchen ohne Askorbinsäure zurückbleibt. Erst bei einer Konzentration von 6,25 mg-% Askorbinsäure schien das Wachstum der Milzbrandbacillen etwas kräftiger zu sein als in einer gewöhnlichen Bouillon ohne Askorbinsäurezusatz. — Dieses eigentümliche Verhalten des Milzbrandbacillus fand ich in einer inzwischen erschienenen Veröffentlichung von EHRISMANN (3) bestätigt. — Außerdem untersuchte ich das Verhalten von insgesamt 32 Diphtheriebacillenstämmen, die sämtlich aus frischem Krankheitsmaterial gezüchtet worden waren. Bei keinem dieser Stämme fand ich eine Beeinflussung des Keimwachstums bei verschiedenen Konzentrationen gegenüber dem Wachstum in gewöhnlicher Bouillon. Die Keimhemmung der Askorbinsäure gegenüber Pseudodiphtheriebacillen, wie sie von EHRISMANN (3) beschrieben worden ist, konnte ich dagegen unter 16 Stämmen nur 3mal finden. EHRISMANN fand bei einigen ausgesprochen aerophilen Arten (z. B. Vibrio cholerae, haemoglobinophile Bakterien) eine gewisse Beeinträchtigung des Wachstums bei hohen Askorbinsäurekonzentrationen. Im ganzen kommt aber auch er zu der Feststellung, daß „die Askorbinsäure kein Desinfiziens" ist. Daß auch ihre Wirkung bei Infektionskrankheiten eine organotrope ist, wie ja aus ihrer Stellung als Fermentaktivator hervorgeht, dürfte damit endgültig erwiesen sein.

Wenn in dem Abschnitt über die Bedeutung der Askorbinsäure beim Anaerobenstoffwechsel insbesondere ihre Rolle bei der Eiweißsynthese herausgestellt wurde, so erhebt sich einerseits die Frage: unter welchen Bedingungen treffen Anaerobier in der Außenwelt auf Ernährungsbedingungen, welche denen

Tabelle 5.

Askorbinsäure in mg-%	Milzbrandwachstum nach 50 Stunden
500,0	+
250,0	+
125,0	+
50,0	+
25,0	+
12,5	+
6,25	+++
0	++

der Askorbinsäurebouillon ähnlich sind oder entsprechen. Hier sei zunächst an die seit altersher bekannte Tatsache erinnert, daß man Anaerobier mit Aerobiern zusammen in einer Kultur leicht zur Entwicklung bringen kann [PASTEUR (1—8), KEDROWSKI, SCHOLTZ]. Nachdem schon seit vielen Jahren die Bildung von Vitaminen durch Bakterien bekannt ist, war es nicht mehr fernliegend zu vermuten, daß sich unter den reduzierenden Substanzen, die fast in jeder Bakterienkultur aufzutreten pflegen, auch vielleicht Askorbinsäure nachweisen ließe, so daß sich die Wachstumsbegünstigung der Anaerobier durch die Anwesenheit von Aerobiern durch eine solche Askorbinsäurebildung erklären ließe.

VII. Über Askorbinsäurebildung durch Bakterien aus Zuckerarten.

Die ersten Angaben über eine vermutliche Askorbinsäurebildung durch Bakterien stammen von HERMANN und FODOR, welche die Beobachtung machten, daß Essigbakterien in Symbiose mit Hefen aus Glucose eine reduzierende Substanz bilden, welche von den Verfassern für Askorbinsäure gehalten wird. Auch BERNHAUER, GÖRLICH und KÖCHER fanden eine Askorbinsäurebildung und zwar durch Aspergillus niger (s. auch CUFFARO). Diese sowie die vorher genannten Untersuchungen beschränkten sich darauf, eine reduzierende Substanz in den Nährlösungen nach Beeimpfung mit den betreffenden Keimen nachzuweisen, die aus gewissen Erwägungen heraus für Askorbinsäure gehalten wurde. Eine endgültige Identifizierung dieser Substanz durch den kurativen oder prophylaktischen Test am Meerschweinchen bzw. durch chemische Isolierung wurde nicht unternommen. — Die Untersuchungen von ILLÉNYI, ILLÉNYI und BERENCSI (1, 2, 3) kamen auf anderem Wege zu gleichlautenden Ergebnissen; es zeigte sich, daß der Stoffwechsel von B. prodigiosus (gemessen in der von ILLÉNYI angegebenen Respirationsapparatur für Bakterienkulturen) durch Zuckerarten und in Gegenwart von Serumeiweiß bzw. Fleischextraktivstoffen eine lebhafte Steigerung erfuhr. Bei der chemischen Untersuchung der Bakterienmasse, welche von festen Nährböden abgeschwemmt wurde, stellte sich heraus, daß sie eine stark reduzierende Substanz enthielt, welche als Askorbinsäure angesehen wurde. Die stärkste Stoffwechselsteigerung und die höchsten Reduktionswerte fand man bei Verwendung von d (+)-Xylose als Zuckerzusatz zu Agarnährböden. Dieser Befund konnte durch eigene Untersuchungen bestätigt werden. Ein endgültiger Beweis dafür, daß die gefundene Reduktionssubstanz Askorbinsäure ist, konnte aber durch diese Versuche ebenfalls nicht erbracht werden. — In persönlicher Zusammenarbeit mit A. ILLÉNYI wurde der Nachweis am Hygienischen Institut der Universität Marburg geführt, daß die von B. prodigiosus aus Xylose gebildete Reduktionssubstanz ebenso wie Askorbinsäure in der Lage ist, Anaerobier zum Wachstum zu bringen, wodurch die Annahme, daß es sich dabei tatsächlich um Askorbinsäure handele, eine weitere Stütze erfuhr (ILLÉNYI und BÜSING). Mit P. PETERS gelang es mir ferner festzustellen, daß die von B. prodigiosus aus Xylose gebildete Reduktionssubstanz, an Meerschweinchen verfüttert, innerhalb von 35 Tagen das Auftreten des Skorbuts verhindert. Leider wurde seiner Zeit die Beobachtung nicht länger fortgesetzt, da zu dieser Zeit bereits sämtliche Kontrolltiere an Skorbut verendet waren. Wir zogen seiner Zeit aus dem Ausfall dieser Versuche den Schluß, daß es sich tatsächlich um Askorbinsäure handle. Da man heute weiß, daß es Stoffe gibt, welche zwar den Skorbut nicht verhindern, aber durch verstärkten Schutz der Askorbinsäure im Organismus den Ausbruch des Skorbuts hinauszögern können (s. z. B. BEIGLBÖCK und BENDA), möchte ich diesen Versuch noch nicht für endgültig beweisend für die Identität jener Reduktionssubstanzen mit Askorbinsäure halten.

Es galt nun weiterhin die „Askorbinsäure"-Bildung des B. prodigiosus aus Zuckerarten unter verschiedenen Bedingungen noch näher zu untersuchen. Während in den vorausgegangenen Versuchen auf den quantitativen Nachweis der „Askorbinsäure" im Hinblick auf die Mängel der bekannten Nachweismethoden nur geringer Wert gelegt wurde, sollte im folgenden die „Askorbinsäure"-Bildung mittels eines geeigneten Bestimmungsverfahrens schrittweise verfolgt werden.

Nachdem sich eine Reihe von chemischen Nachweismethoden für die Askorbinsäurebestimmung in Nährbouillon als ungeeignet erwiesen hatten (z. B. mit Dichlorphenolindophenol, Jod u. a.), gelang es, unter bestimmten Bedingungen mit der Methode nach FUJITA und EBIHARA in Modellversuchen annähernd zutreffende Werte zu erhalten. Das Prinzip dieser Methode, mit welcher nur die reduzierte Askorbinsäure erfaßt wird, beruht auf der Reduktion von Phosphor-18-Wolframsäure in saurer Lösung, bei welcher eine dem Askorbinsäuregehalt entsprechende Blaufärbung entsteht; durch Zusatz von Monojodessigsäure und Auswahl eines p_H von rd. 3,0 werden die meisten störenden Substanzen reaktionsunfähig gemacht.

Es wurde bereits zu Beginn der Versuche die Beobachtung gemacht, daß eine unbeimpfte gewöhnliche Nährbouillon, wie sie zur Bakterienzüchtung Verwendung findet (Fleischwasser + 1% Pepton + 0,5% NaCl, $p_H = 7,0$—7,5) nach dieser Methode einen unspezifischen Reduktionswert aufweist. Daß es sich hierbei keinesfalls um Askorbinsäure handeln konnte, ging, abgesehen von anderen Erwägungen, daraus hervor, daß der unmittelbar nach dem Sterilisieren der Bouillon gefundene Reduktionswert im Laufe von 7—14 Tagen beim Stehen an der Luft allmählich verschwand, um nach erneutem Sterilisieren wiederum anzusteigen. Dieser Anstieg des Reduktionswertes nach dem Erhitzen war nur zu einem kleinen Teil auf Glucoredukton zurückzuführen. Vielmehr entstehen diese reduzierenden Substanzen, wie Vergleichsuntersuchungen ergaben, vorwiegend aus Eiweißstoffen des Fleischwassers sowie auch aus Pepton. Die allmähliche Abnahme dieser reduzierenden Stoffe erfolgte auch bei Brutschranktemperatur. Es wäre naheliegend gewesen, zur Prüfung auf Askorbinsäurebildung eine solche Bouillon zu verwenden, welche durch mehrwöchiges Stehen an der Luft ihren Eigenreduktionswert verloren hätte. Ein solches Vorgehen erwies sich aber als unzweckmäßig, da in einer solchen Bouillon zugesetzte Askorbinsäure innerhalb von 24 Stunden völlig zerstört wurde. Es mußte vielmehr die unspezifische Reduktion, die eine frisch sterilisierte Bouillon aufweist, als Anfangswert in Kauf genommen werden, da unter dem Schutze dieser Reduktionssubstanzen für längere Zeit eine Stabilisierung der gebildeten Askorbinsäure stattfand. — Über die chemische Natur der durch Erhitzen aus den Eiweißkörpern entstehenden Reduktionssubstanzen kann also ausgesagt werden, daß ihr Reduktionsvermögen durch Sauerstoffzutritt allmählich verloren geht, dagegen durch Monojodessigsäure nicht gehemmt wird, was wiederum darauf schließen läßt, daß dieses Reduktionsvermögen nicht auf der Anwesenheit freier Thiolgruppen beruht.

Unter Berücksichtigung dieser Fehlerquellen, die bei der Ermittlung der gefundenen Askorbinsäurewerte in Rechnung gestellt wurden, ergab sich folgendes:

Tabelle 6. „Askorbinsäure"-Bildung in gewöhnlicher Bouillon und 2%iger Xylosebouillon bei 37° und 22° nach Beimpfung mit B. prodigiosus.

	Gewöhnliche Bouillon bei 37°	Gewöhnliche Bouillon bei 22°	Xylosebouillon bei 37°	Xylosebouillon bei 22°
unbeimpft	0	0	0	0
nach 1 Tag	0,537	0,293	0,179	0,133
nach 2 Tagen	0,699	0,455	1,162	0,260
nach 3 Tagen	1,175	0,878	1,691	0,699
nach 4 Tagen	1,430	0,537	1,520	0,878
nach 5 Tagen	1,415	0,618	3,245	1,862
nach 6 Tagen	1,577	1,163	3,850	2,144
nach 7 Tagen	2,550	1,770	7,700	4,620
nach 8 Tagen	2,905	2,740	16,21	11,78
nach 9 Tagen	2,448	2,750	26,75	24,17
nach 10 Tagen				
nach 11 Tagen	2,986	4,020	14,59	13,57
nach 12 Tagen	2,780	2,980	13,07	11,94
nach 13 Tagen	2,990	3,910	11,94	10,96
nach 14 Tagen	3,030	4,070	12,26	11,45
nach 15 Tagen	3,190	4,140	12,44	11,28
nach 16 Tagen	3,150	4,020	11,62	11,62
nach 17 Tagen	3,920	3,960	16,55	13,99
nach 20 Tagen	3,250	3,070	10,08	8,97

Im Verlauf von etwa 9 Tagen erreicht die „Askorbinsäure"-Bildung des B. prodigiosus in Xylosebouillon ihren Höhepunkt. Nach Erreichung einer Konzentration von rd. 25 mg-% sinkt der „Askorbinsäure"-Wert wieder ab, um sich dann für längere Zeit auf einer Höhe von rd. 10—12 mg-% zu halten. In gewöhnlicher Bouillon tritt ebenfalls, wenn auch in viel geringerem Maße, eine „Askorbinsäure"-Bildung ein, die nach etwa 14 Tagen auf eine Konzentration von etwa 3—4 mg-% anwächst und sich auf diesen Werten für einige Zeit konstant erhält. Die Bebrütungstemperatur hat nur einen sehr geringen Einfluß auf die „Askorbinsäure"-

Tabelle 7. Dasselbe nur bei 37° (Wiederholung).

	Gewöhnliche Bouillon	Xylosebouillon
nach 6 Tagen	1,691	7,110
nach 7 Tagen	1,927	12,780
nach 8 Tagen	2,374	14,050
nach 9 Tagen	4,140	18,180
nach 12 Tagen	2,520	13,660

Bildung. Diese ist in den ersten Tagen bei 37° etwas beschleunigt; später gleicht sich dieser Vorsprung jedoch wieder aus. Sowohl der Anstieg als auch der spätere Abfall der „Askorbinsäure"-Konzentration erfolgt ziemlich geradlinig. Wie in einer großen Anzahl von Versuchen festgestellt wurde, verläuft die „Askorbinsäure"-Bildung unter den beschriebenen Verhältnissen stets in der gleichen Weise.

Da, wie bereits erwähnt, von anderen Untersuchern positive Ergebnisse mit einer Reihe von anderen Zuckerarten erhalten wurden, unterzog ich auch diese einer Prüfung unter den gleichen Bedingungen mit B. prodigiosus. Das Ergebnis dieser Versuche ist in den folgenden Tabellen dargestellt:

Bedeutung der Redoxkatalysatoren für Bakterien und Bakterienenzyme.

Tabelle 8. „Askorbinsäure"-Bildung durch B. prodigiosus aus verschiedenen Zuckerarten (2%iger Zusatz zu gewöhnlicher Bouillon). Temperatur: 37°.

	Dextrose	Galaktose	Lävulose	Maltose	Mannit	Saccharose	Mannose
unbeimpft	0,146	0,179	0,179	0,073	0,073	0,118	—
nach 1 Tag	0,293	0,496	0,415	0,455	0,455	0,260	0,538
nach 2 Tagen	0,218	1,520	0,577	0,536	0,455	0,179	—
nach 3 Tagen	0,927	3,812	1,260	1,520	1,260	0,536	0,146
nach 4 Tagen	1,415	4,425	0,829	1,260	0,969	0,260	0,146
nach 5 Tagen	1,748	4,755	3,325	1,260	0,788	0,788	—
nach 7 Tagen	2,550	2,520	3,510	0,748	0,658	0,333	0,124
nach 8 Tagen	3,812	2,905	3,885	0,829	0,748	1,804	—
nach 9 Tagen	4,180	3,065	4,487	0,967	1,577	0,699	—
nach 10 Tagen	4,755	2,595	5,187	0,967	1,634	0,658	0,217
nach 11 Tagen	5,350	4,137	5,577	0,788	2,447	0,618	—
nach 12 Tagen	5,252	2,520	4,025	0,699	3,325	0,414	—

Tabelle 8a. „Askorbinsäure"-Bildung durch B. prodigiosus in 7%iger Dextrose-, Galaktose- und Lävulosebouillon. Temperatur: 37°.

	Dextrose	Galaktose	Lävulose		Dextrose	Galaktose	Lävulose
unbeimpft	0,179	0,927	0,618	nach 7 Tagen	0,577	2,374	1,065
nach 1 Tag	0,260	0,577	0,577	nach 8 Tagen	0,618	3,512	1,927
nach 3 Tagen	0,748	2,820	0,699	nach 10 Tagen	0,577	2,520	1,520
nach 4 Tagen	0,333	2,820	1,114	nach 11 Tagen	0,146	2,304	1,050
nach 5 Tagen	0,146	2,905	1,691	nach 12 Tagen	0,242	1,691	1,211
nach 6 Tagen	0,292	3,025	1,162				

Von einer Verbesserung der „Askorbinsäurebildung" gegenüber einer gewöhnlichen Bouillon ohne Zuckerzusatz (s. Tabelle 8) konnte nur bei Dextrose und Galaktose gesprochen werden, während die übrigen Kohlehydrate demgegenüber anscheinend sogar hemmend auf die „Askorbinsäurebildung" wirkten. — In Tabelle 8a ist das Verhalten der „Askorbinsäurebildung" bei einer stärkeren Zuckerkonzentration dargestellt. Es wurden die drei Zuckerarten, welche abgesehen von Xylose die beste Askorbinsäurebildung ermöglichten, in 7%iger Konzentration geprüft. Es ergab sich eine eindeutige Verminderung der Askorbinsäurebildung.

In weiteren Versuchen wurden nun verschiedene Bakterienstämme in Xylose-, Lävulose- und Glucosebouillon auf ihre etwaige Fähigkeit zur Askorbinsäurebildung geprüft:

Tabelle 9.

Verschiedene Laboratoriumsstämme in 2%iger Dextrose-, Lävulose- und Xylosebouillon. Temperatur 37°.

Coli (Wasser), Coli (Mensch), Coli aerogenes, Staphylococcus aureus, B. pseudotuberkulosis rodentium, Sarcina lutea, Pyocyaneus, B. enteritidis Gärtner, B. enteritidis ratti, V. cholerae, B. typhi, B. suipestifer, B. paratyphus B, B. dysenteriae Kruse-Shiga: *negativ*.
Staphylococcus aureus in 2%iger Xylosebouillon: nach 6 Tagen: 4,755.
B. proteus in 2%iger Xylosebouillon: nach 10 Tagen: 3,967 (später Abnahme).

Mit Ausnahme von Staphylococcus aureus und B. proteus verursachte keiner der geprüften Stämme ein Anwachsen des Reduktionswertes. Die von Staphylococcus aureus und B. proteus (auch nur in Xylosebouillon) verursachte „Askorbinsäurebildung" hielt sich in sehr engen Grenzen.

Es wurde weiterhin in den verschiedensten Versuchsanordnungen geprüft, ob sich die „Askorbinsäurebildung" des B. prodigiosus in Xylosebouillon auf irgendeine Weise noch steigern ließe (z. B. anaerobe Bebrütung, Glutathion-, Aneurin- oder Nicotinsäureamidzusatz usw.). Diese Versuche verliefen völlig negativ. Die höchsten Werte wurden nur in der anfangs beschriebenen Versuchsanordnung erzielt.

Aus diesen Versuchen geht in erster Linie hervor, daß durch B. prodigiosus in Xylosebouillon eine reduzierende Substanz in größerer Menge gebildet wird, welche alle für Askorbinsäure charakteristische Reaktionen gibt. Die Substanz ist thermolabil und autoxydabel; sie läßt sich aus ihrer oxydierten Form durch Behandlung mit Schwefelwasserstoff wieder in ihre Reduktionsform überführen.

Versuche, die in den Prodigiosuskulturen gebildete reduzierende Substanz als Askorbinsäure chemisch zu isolieren, führten in zahlreichen Untersuchungen stets zu einem negativen Ergebnis. Dagegen wurde gelegentlich ein Reduktionskörper isoliert, der zwar viele gemeinsame Eigenschaften mit der Askorbinsäure aufwies, in einigen Punkten jedoch entscheidend von ihr abwich (z. B. Äquivalentgewicht, Löslichkeit in Aceton). Vermutlich gehört die vom Bacillus prodigiosus gebildete Reduktionssubstanz zu einer der Askorbinsäure nahe verwandten Stoffklasse (z. B. Carlossäure, Reduktinsäure, Oxytetronsäure, Methyltetronsäure o. ä.). Auf jeden Fall besitzt aber diese Substanz, die allem Anschein nach nicht mit Askorbinsäure identisch ist, die für die Einleitung des Anaerobenwachstums erforderlichen biologischen Eigenschaften, wie reversible Oxydierbarkeit, Autoxydabilität, geeignetes Redoxpotential, weshalb sie bei der Einleitung des Anaerobenwachstums die Askorbinsäure vertreten kann.

VIII. Schluß.

Die vorliegenden Untersuchungen, welche erst einen Anfang für eine noch nicht abzusehende Reihe von Aufgaben darstellen, haben verschiedene Ziele. Einmal sollen sie neue Aufschlüsse über den Stoffwechsel der Bakterien unter dem Blickwinkel der Enzymbeeinflussung durch physiologisch wirksame Stoffe liefern. Diese Zielsetzung soll es ermöglichen, speziell das Problem der Anaerobiose, richtiger: die Wirkungsbedingungen des anaeroben Bakterienstoffwechsels aufzuklären. Hieraus wird sich zwangsläufig auch eine Systematik der Symbiose verschiedener Bakterienarten untereinander als auch schließlich das Prinzip des Parasitismus, also vor allem auch des Infektionsgeschehens, ableiten lassen. Zum anderen Teil werden diese Untersuchungen auch Beiträge über den Wirkungsmechanismus gewisser Wirkstoffe, im vorliegenden also des Glutathion-Askorbinsäuresystems liefern, die sich wahrscheinlich auch auf den Stoffwechsel der höheren Lebewesen übertragen lassen. Zur Fortsetzung derartiger Untersuchungen erscheint es jedoch heute als unumgänglich notwendig, rein synthetische Nährlösungen zu verwenden. Mit Hilfe solcher Methoden ist es bekanntlich in neuerer Zeit gelungen, bemerkenswerte Einblicke in den Stoffwechsel gewisser Bakterienarten zu erlangen. Auch eine Züchtung von Anaerobiern in synthetischen Nährlösungen ist trotz gewisser Schwierigkeiten besonders unter Zuhilfenahme der Askorbinsäure prinzipiell möglich. Es bedarf jedoch noch eingehender Untersuchungen, ob sich Bedingungen finden lassen, welche eine Lösung der gestellten Aufgaben ermöglichen. Denn auch hier käme es nicht allein darauf an, den Anaerobiern notdürftigste Lebensbedingungen zu verschaffen, sondern ein chemisch definiertes Milieu zu bieten, in welchem sie in optimaler Weise alle ihre biologischen Eigenschaften und Fähigkeiten zu entwickeln vermögen.

Zusammenfassend berechtigen die vorliegenden Untersuchungen im Zusammenhang mit den bereits vorliegenden Kenntnissen über das Wesen und die Bedingungen der ,,Anaerobiose" sowie unter Berücksichtigung neuerer, enzymchemischer Forschungsergebnisse zu folgenden Feststellungen:

1. Anaerobe Bakterien im strengen Sinne des Wortes gibt es unter physiologischen Bedingungen nicht; der Stoffwechsel sog. anaerober Bakterien bedarf weniger des Sauerstoffausschlusses als vielmehr der Einschaltung von Enzymeffektoren, welche das Redoxpotential auf einer solchen Stufe halten, daß eine Verwertung des Sauerstoffes durch diese Lebewesen ermöglicht wird.

2. Aus diesem Grunde ermöglicht z. B. die Askorbinsäure anaeroben Bakterien Wachstum und Vermehrung auch bei Luftzutritt.

3. Es wurden Anzeichen dafür gefunden, daß die Askorbinsäure, ähnlich wie im Stoffwechsel höherer Lebewesen [BÜSING (3)], sich im Stoffwechsel der ,,Anaerobier" als ein Faktor der Syntese, insbesondere der Eiweißsynthese, verhält.

4. Von manchen aeroben Bakterien werden Stoffe gebildet, welche große Ähnlichkeit mit Askorbinsäure besitzen und sich im Hinblick auf die Ermöglichung des ,,Anaeroben"-Wachstums bei Luftzutritt wie Askorbinsäure verhalten. Es darf daher geschlossen werden, daß die Symbiose aerober und ,,anaerober" Bakterien ähnlich wie die Symbiose organisierter Zellverbände auf gegenseitiger Ergänzung enzymatischer Fähigkeiten beruht.

Literatur.

ABDERHALDEN, E.: (1) Der Einfluß von Vitamin C-Askorbinsäure auf die Wirkung von Tyrosinase. Fermentforsch. **14**, 367 (1934).
— (2) Weitere Studien über den Einfluß von Vitamin C-Askorbinsäure auf die Wirkung der Tyrosinase, auf l-Tyrosin, 1-3,4-Dioxyphenylalanin und l-Adrenalin. Fermentforsch. **15**, 24 (1936).
ADLER, E. u. H. v. EULER: (1) Über die Dehydrasesysteme. 6. Mitt. Dehydrierung von Hexosen unter Mitwirkung von Adenosintriphosphorsäure. Hoppe-Seylers Z. **235**, 122 (1935).
— — (2) Über die Dehydrasesysteme. 8. Mitt. Zur Kenntnis der Aktivatoren. Hoppe-Seylers Z. **235**, 164 (1935).
— — u. H. HELLSTRÖM: Zur Kenntnis der enzymatischen Wasserstoffüberträger im Muskel. Sv. vet. Akad. Ark. Kem. **12**, B, Nr 38 (1937).
— — u. W. HUGHES: Über die Komponenten der Dehydrasesysteme. 18. Mitt. Glycerophosphatdehydrase. — Oxydoreduktion im Muskel. Hoppe-Seylers Z. **252**, 1 (1938).
— H. HELLSTRÖM, G. GÜNTHER u. H. v. EULER: Über den enzymatischen Abbau und Aufbau der Glutaminsäure. 3. Mitt. In Bacterium Coli. Hoppe-Seylers Z. **255**, 14 (1938).
— W. HUGHES: Über die Komponenten der Dehydrasesysteme. 19. Mitt. Der enzymatische Mechanismus der Oxydoreduktionen der Triosephosphorsäure. Hoppe-Seylers Z. **253**, 71 (1938).
— u. M. MICHAELIS: Über die Komponenten der Dehydrasesysteme. 10. Mitt. Zur Kenntnis der Milchsäuredehydrase und der Äpfelsäuredehydrase aus Herzmuskel. Hoppe-Seylers Z. **238**, 261 (1936).
— u. M. SREENIVASAYA: Über die Komponenten der Dehydrasesysteme. 16. Mitt. Zur Kenntnis der Formicodehydrase und der Alkoholdehydrase in Pflanzensamen. Hoppe-Seylers Z. **249**, 24 (1937).
AIZAWA: Zit. nach TH. BERSIN: Kurzes Lehrbuch der Enzymologie. Leipzig: Akad. Verlagsgesellschaft m. b. H. 1938.
ALBERS, H.: Über die Hemmbarkeit der Phosphatase durch Schwefelverbindungen. 5. Mitt. Zur Kenntnis der Phosphatasen. Ber. dtsch. chem. Ges. **68**, 1443 (1934).

ALBERT, W.: Sterile Dauerhefe und ihre Verwertung in der Gynäkologie. Zbl. Gynäk. 1901, Nr 17.
ARAKI, T.: Die Redoxpotentiale des mit Vitamin C versetzten Bouillonnährbodens und das Wachstum der Tetanusbacillen. Orient. J. Dis. Infants **26** (1939).
ARNAUD, A. et A. CHARRIN: (1) Recherches chimiques sur les sécrétions microbiennes. Transformation et élimination de la matiére organique azotée par le bacille pyocyanique dans un milieux de culture déterminé. C. r. Acad. Sci. Paris **112**, 755 (1891).
— — (2) Recherches chimiques et physiologiques sur les sécrétions microbiennes. Transformation et élimination de la matiére organique par le bacille pyocyanique. C. r. Acad. Sci. Paris **112**, 1157 (1891).
ATLASOFF, J.: La fièvre typhoide expérimentale. Ann. Inst. Pasteur **1904**.
AVERY, O. T. and R. DUBOS: The protective action of a specific enzyme against type III pneumococcus infection in mice. J. of exper. Med. **54**, 73 (1931).
BAGINSKY, A.: Über Gährungsvorgänge im kindlichen Darmcanal und die Gährungstherapie der Verdauungskrankheiten. Dtsch. med. Wschr. 1888 I, 391, 414.
BALL, E. G.: Über die Oxydation und Reduktion der drei Cytochromkomponenten. Biochem. Z. **295**, 262 (1938).
BARTHEL, CHR.: (1) Verwendbarkeit der Reduktaseprobe zur Beurteilung der hygienischen Beschaffenheit der Milch. Z. Nahrg. u. Genußmittel **15**, 385 (1908).
— (2) Die Reduktaseprobe verglichen mit anderen milchhygienischen Untersuchungsmethoden. Z. Nahrg.- u. Genußmittel **21**, 512 (1911).
BEIGLBÖCK, W. u. L. BENDA: Vitamin C und Cystein. Klin. Wschr. **1941 II**, 875.
BERNHAUER, K., B. GÖRLICH u. E. KÖCHER: Über die Bildung C-vitaminähnlicher Substanzen durch Pilze und Bakterien. 1. Mitt. Biochem. Z. **286**, 60 (1936).
BERSIN, TH.: (1) Thiolverbindungen und Enzyme. Erg. Enzymforsch. **4**, 68 (1935).
— (2) Die Bedeutung des Thiol-Disulfid-Systems für die Aktivität biochemischer Wirkstoffe. Sitzber. Ges. Naturwiss. Marburg **71**, 57 (1936).
— (3) Kurzes Lehrbuch der Enzymologie. Leipzig: Verlagsgesellschaft m. b. H. Akad. 1938.
— (4) Effektoren der Enzymwirkung. Handbuch der Enzymologie von NORD u. WEIDENHAGEN, S. 154. Leipzig 1940.
— u. H. KÖSTER: Über den Einfluß von Oxydations- und Reduktionsmitteln auf die Aktivität von Papain. 3. Mitt. Hoppe-Seylers Z. **233**, 59 (1935).
— — u. H. J. JUSATZ: Biochemische Beziehungen zwischen Ascorbinsäure und Glutathion. Hoppe-Seylers Z. **235**, 12 (1935).
— u. W. LOGEMANN: Über den Einfluß von Oxydations- und Reduktionsmitteln auf die Aktivität von Papain. Hoppe-Seylers Z. **220**, 209 (1933).
BERTARELLI, E.: Über eine Bemerkung des Herrn Dr. K. KISSKALT betr. einer Arbeit über den Bacillus prodigiosus. Z. Hyg. **48**, Nr 175 (1903).
BERTHELOT, A.: Recherches sur l'acide pyrurique considéré comme facteur d'anaérobiose. C. r. Acad. Sci. Paris **176**, 1929 (1923).
BERTHO, A.: Die Essiggärung. Erg. Enzymforsch. **1**, 231 (1932).
— u. H. GLÜCK: Über den Atmungsprozeß der Milchsäurebakterien. Liebigs Ann. **494**, 159 (1932).
BIELING, R.: Untersuchungen über die intramolekulare Atmung von Mikroorganismen. Z. Hyg. **100**, 270 (1923).
BITTER, H.: Report of the comission sent at Bombay by the Egyptian governement to study plague. Kairo 1897.
BÖGER, A. u. H. SCHROEDER: Vitamin C und Plasmaeiweißkörper. Klin. Wschr. **1934 I**, 842.
BONHOFF: Über die Wirkung von Streptokokken auf Diphtheriekulturen. Hyg. Rdsch. **1896**, 97.
BORSOOK, H., H. W. DAVENPORT, C. E. P. JEFFREYS and R. C. WARNER: The oxidation of ascorbic acid and its reduction in vitro and in vivo. J. of biol. Chem. **117**, 237 (1937).
— E. L. ELLIS and H. M. HUFFMANN: Sulfhydryl oxidation-reduction potentials derived from thermal data. J. of biol. Chem. **117**, 281 (1937).
BRAATZ, E.: Einiges über die Anaerobiose. Zbl. Bakter. I Orig. **17**, 737 (1895).
BUCHNER, E.: Über die Cholerauntersuchungen in Palermo. Münch. ärztl. Intell.bl. 1885, Nr 50, 751.
BURRI, R.: Intramolekulare Atmung, Anaerobiose und Mikroaerophilie. Zbl. Bakter. II Orig. **17**, 804 (1907).

BURRI, R. u. J. KÜRSTEINER: Ein experimenteller Beitrag zur Kenntnis der Bedeutung des Sauerstoffentzugs für die Entwicklung obligat anaerober Bakterien. Zbl. Bakter. II Orig. **21**, 189 (1908).
BÜSING, K. H.: (1) l-Askorbinsäure und Anaerobenwachstum. Zbl. Bakter. II Orig. **103**, 70 (1941).
— (2) Die Toxinbildung des Tetanusbazillus in Askorbinsäurebouillon. Z. Hyg. **124**, 71 (1942).
— (3) Der Wirkungsmechanismus der l-Askorbinsäure im Stoffwechsel und Mesenchym (ein Beitrag zur Frage der natürlichen Resistenzsteigerung). Klin. Wschr. **1942 I**, 97, 121.
— u. F. PETERS: Über die Askorbinsäurebildung des Bac. prodigiosus aus Xylose. Biochem. Z. **304**, 134 (1940).
CAHEN, F.: Über das Reduktionsvermögen der Bakterien. Z. Hyg. **2**, 386 (1887).
CALIFANO en KERTÉSZ: Sul meccanismo della ossidazione enzimatica dei monofenoli. Enzymologia (Haag) **6**, 233 (1939).
CALLOW, A. B.: The heat-stable peroxidase of bacteria. Biochemic. J. **20**, 247 (1926).
CANTANI, A.: Über die Verwertung der Bakterien als Nährbodenzusatz. Zbl. Bakter. I Orig. **28**, 743 (1900).
CARNOT, P.: Influence de la Tuberculine sur le Développement des Cultures de Tuberculose Humaine, Avantages des Milieux Tuberculinisés. C. r. Soc. Biol. Paris **1898**, 765.
CHON, A. u. W. v. PREYSS: Studien zur Biologie der Influenzabacilla. Zbl. Bakter. I. Ref. **32**, 90 (1902).
CHUDIAKOW, N.: Zur Lehre von der Anaerobiose. 1. Mitt. Zbl. Bakter. II Orig. **4**, 389 (1898).
COX, E. G., E. L. HIRST and R. J. W. REYNOLDS: Hexuronic Acid as the antiscorbutic factor. Nature (Lond.) **130**, 888 (1932).
CUFFARO, M.: Sintesi biologica dell' acido l-ascorbico. Boll. Soc. Biol. sper. **15**, 966 (1940).
DAKIN, H. D. and H. W. DUDLAY: An enzyme concerned with the formation of hydroxy acids from ketonic aldehydes. J. of biol. Chem. **14**, 155 (1913).
— — (2) Glyoxalase. Part III. The distribution of the enzyme and its relation to the pancreas. J. of biol. Chem. **15**, 463 (1913).
— — (3) Glyoxalase. Part IV. J. of biol. Chem. **16**, 505 (1914).
— — (4) The formation of amino- and hydroxy-acids from glyoxals in the animal organism J. of biol. Chem. **18**, 29 (1915).
— — (5) The formation of benzoyl carbinol and other substances from phenyl glyoxal by the action of fermenting yeast. J. of biol. Chem. **18**, 91 (1915).
DE CARO, L. u. M. GIANI: Oxydationsschutz der Ascorbinsäure durch tierisches Gewebe. Hoppe-Seylers Z. **228**, 13 (1934).
DEWAN, J. G. and D. E. GREEN: (1) A new oxidation catalyst. Nature (Lond.) **140**, 1097 (1937).
— — (2) Coenzyme factor: A new oxidation catalyst. Biochemic. J. **32**, 626 (1938).
DIXON, M.: Aldehyde mutase. Erg. Enzymforsch. **8**, 217 (1939).
DUBOS, R.: Factors affecting the yield of specific enzyme in cultures of the bac. decomposing the capsular polysaccharide of the type III pneumococcus. J. of exper. Med. **55**, 377 (1932).
— and O. T. AVERY: (1) Decomposition of the capsular polysaccharide of pneumococcus type III by a bacterial enzyme. J. of exper. Med. **54**, 51 (1931).
— — (2) The specific action of a bacterial enzyme on type III pneumococci. J. amer. med. Assoc. **96**, 2062 (1931).
— and J. H. BAUER: The use of graded collodion membranes for the concentration of a bacterial enzyme capable of decomposing the capsular polysaccharide of type III pneumococcus. J. of exper. Med. **62**, 271 (1935).
EDLBACHER, S. u. F. LEUTHARDT: Über den Einfluß der Ascorbinsäure auf die Arginasewirkung. Klin. Wschr. **1933 II**, 1843.
— u. A. v. SEGESSER: Über ein grünes Derivat des Hämoglobins. Naturwiss. **25**, 461, 557 (1937).
EHRISMANN, O.: (1) Über die Atmung der Diphtheriebacillen. Z. Hyg. **115**, 273 (1933).
— (2) Ascorbinsäurehaltige Nährmedien für anaerobe Bacillen. Z. Hyg. **118**, 544 (1936).
— (3) Über das Verhalten aerober und anaerober Bakterien gegenüber Ascorbinsäure. Z. Hyg. **123**, 16 (1940).

EHRLICH, P.: Das Sauerstoffbedürfnis des Organismus. Berlin 1885.
ELLINGER, F. u. W. KOSCHARA: Neue Gruppe tierischer Farbstoffe (Lyochrome) (I). Ber. dtsch. chem. Ges. **66**, 315 (1933).
EMMERICH, R. u. O. LOEW: Bakteriologische Enzyme als Ursache der erworbenen Immunität und die Heilung von Infectionskrankheiten durch dieselben. Z. Hyg. **31**, 1 (1899).
ESCHERICH: Die Darmbakterien des Säuglings, S. 130. 1885.
EULER, H. v.: (1) Die Co-Zymase. Erg. Physiol. **38**, 1 (1936).
— (2) Bedeutung der Wirkstoffe (Ergone), Enzyme und Hilfsstoffe im Zellenleben. Erg. Vitamin- u. Hormonforsch. **1**, 159 (1938).
— u. E. ADLER: (1) Über Flavin und einen blau-fluoreszierenden Stoff in der Netzhaut der Fischaugen. Hoppe-Seylers Z. **228**, 1 (1934).
— — (2) Über die gegenseitige enzymatische Umwandlung von Codehydrase I in Codehydrase II, Hoppe-Seylers Z. **252**, 41 (1938).
— — u. G. GÜNTHER: (1) Vergleichende Studien über Dehydrasesysteme im Muskel und JENSEN-Sarkom der Ratte. Hoppe-Seylers Z. **247**, 65 (1937).
— — — (2) Über die Komponenten der Dehydrasesysteme. 15. Mitt. Zur Kenntnis der Dehydrierung von α-Glycerinphosphorsäure im Tierkörper. Hoppe-Seylers Z. **249**, 1 (1937).
— — — u. H. HELLSTRÖM: Co-Zymase, das wasserstoffübertragende Co-Enzym bei der Muskelglykolyse. Hoppe-Seylers Z. **245**, 217 (1937).
— — u. T. STEENHOFF ERIKSEN: Über die Komponenten der Dehydrasesysteme. 14. Mitt.- Glutaminsäuredehydrase aus Hefe. Hoppe-Seylers Z. **248**, 227 (1937).
— H. ALBERS u. F. SCHLENK: (1) Hochgereinigte Co-Zymase. Hoppe-Seylers Z. **234**, I (1934).
— — — (2) Über die Co-Zymase. Hoppe-Seylers Z. **237**, I (1935).
— — — (3) Chemische Untersuchungen an hochgereinigter Co-Zymase. Hoppe-Seylers Z. **240**, 113 (1936).
— u. G. GÜNTHER: Diaphorase. Naturwiss. **26**, 676 (1930).
— H. HELLSTRÖM u. E. ADLER: Fluoreszenzmikroskopische Studien über das Flavin in Augen. Z. vergl. Physiol. **21**, 739 (1935).
— u. E. KLUSSMANN: Physiologische Versuche über Vitamin C (Ascorbinsäure) und Redukton (Enol-Tartronaldehyd). Hoppe-Seylers Z. **217**, 167 (1933).
— u. H. LARSSON: Einfluß von Reduktonen und sulfhydrilhaltigen Substanzen auf Katalase. Sv. Ark. Kem. Mineral. Geol. **11** A, Nr 13 (1934).
— K. MYRBÄCK u. H. LARSSON: Sauerstoffaufnahme durch Vitamin C-haltige Organe und durch Gluco-Redukton. Hoppe-Seylers Z. **217**, 1 (1933).
— u. K. ZEILE: Die Katalasen und die Enzyme der Oxydation und Reduktion. München 1934.
FERLITO, C.: Sulla diagnosi differenziale del vibrione del çolera. Gaz. Osp. No 115, 1209. Ref. Baumgartens Jahresber. **1899**, 559.
FISCHER, F. G.: Niedermolekulare Überträger biologischer Oxydo-Reduktionen und ihrer Potentiale. Erg. Enzymforsch. **8**, 185 (1939).
FORTNER, J.: Ein einfaches Plattenverfahren zur Züchtung strenger Anaerobier (anaerobe Bazillen — filtrierbare anaerobe Bakterien — Spirochaeta pallida). Zbl. Bakter. I Orig. **108**, 155 (1928).
FRANKE, W.: (1) Zur Energetik von Dehydrierungsreaktionen biologischen Interesses. Biochem. Z. **258**, 280 (1933).
— (2) Die Enzyme der Desmolyse. Handbuch der Enzymologie, Bd. 2, S. 754ff. Leipzig 1940.
— u. B. BANERJEE: Untersuchungen über die Isolierung von Desmolasen aus Mikroorganismen. 1. Mitt. Zur Isolierung von Bakteriendehydrasen nach dem Frier- und Autolyseverfahren. Biochem. Z. **305**, 57 (1940).
FRED, E. B.: Eine physiologische Studie über die nitratreduzierenden Bakterien. Zbl. Bakter. II Orig. **32**, 421 (1912).
FREI, W. u. L. RIEDMÜLLER: (1) Die Verwendung des Zysteins bei der Anaerobenzüchtung. Zbl. Bakter. I Orig. **119**, 282 (1930).
— — (2) Reduktionspotential und Anaerobenzüchtung. Zbl. Bakter. I Orig. **121**, 97 (1931).
— — u. F. ALMASY: Über Cytochrom und das Atmungssystem der Bakterien. Biochem. Z. **274**, 253 (1934).

FRIEDEMANN, TH. E.: Metabolism of pathogenic bacteria growing under aerobic conditions in carbohydrate-rich culture media. Proc. Soc. exper. Biol. a. Med. **40**, 505 (1939).
FUJITA, A. u. T. EBIHARA: Kolorimetrische Bestimmung von Vitamin C mittels Phospho-18-Wolframsäure. I. Mitt. Biochem. Z. **304**, 134 (1940).
— u. T. KODAMA: (1) Manometrische Bestimmung des Wasserstoffsuperoxyds. Biochem. Z. **232**, 15 (1931).
— — (2) Manometrische Bestimmung der Katalase. Biochem. Z. **232**, 20 (1931).
— — (3) Untersuchungen über Atmung und Gärung pathogener Bakterien. 3. Mitt. Über Cytochrom und das sauerstoffübertragende Ferment, sowie die Atmungshemmung der pathogenen Bakterien durch CO und HCN. Biochem. Z. **273**, 186 (1934).
FULMER, E. I.: The Thermodynamics of cell reactions. Erg. Enzymforsch. **1**, 1 (1932).
GALE, E. F.: Formic Dehydrogenase of Bacterium coli: its Inactivation by Oxygen and its protection in the bacterial cell. Biochemic. J. **33**, 1012 (1939).
GERARD, R. W.: Observations on the metabolism of sarcina lutea. II. Biol. Bull. Mar. biol. Labor. Wood's Hole **60**, 227 (1931).
GIRŠAVIČIUS, J. and P. A. HEYFETZ: Mechanism of glyoxalase activation by glutathione. Nature (Lond.) **136**, 645 (1935).
GOTSCHLICH, E.: Allgemeine Morphologie und Biologie der pathogenen Mikroorganismen. Abschnitt: „Oxydationsvorgänge" in Handbuch der pathogenen Mikroorganismen, herausgeg. von KOLLE, KRAUS, UHLENHUTH, 3. Aufl. Jena: Gustav Fischer und Wien-Berlin: Urban & Schwarzenberg 1929.
GÓZONY, L. u. E. KRAMER: Reduktionsversuche mit Bakterien. Zbl. Bakter. I Orig. **89**, 193 (1922).
GRÄFF, S.: Intracelluläre Oxydation und Nadirekation (Indophenolblausynthese). Beitr. path. Anat. **70**, 1 (1922).
GRASSBERGER, R.: Beiträge zur Bakteriologie der Influenza. Z. Hyg. **25**, 453 (1897).
GRASSMANN, W.: Zur Kenntnis des proteolytischen Systems der Tier- und Pflanzenzelle. Z. angew. Chem. **119**, 35 (1937).
— H. DYCKERHOFF u. C. V. SCHÖNEBECK: Natürliche Aktivatoren und Hemmungskörper proteolytischer Enzyme. Hoppe-Seylers Z. **186**, 183 (1929).
GREEN, D. E.: (1) The potentials of ascorbic acid. Biochemic. J. **27**, 1044 (1933).
— (2) The oxydation-reduction potentials of cytochrome c. Proc. roy. Soc. London (B) **114**, 423 (1934).
— (3) α-Glycerophosphate dehydrogenase. Biochemic. J. **30**, 629 (1936).
— and J. BROSTEAUX: The lactic dehydrogenase of animal tissues. Biochemic. J. **30**, 1489 (1936).
— and J. G. DEWAN: Co-Enzyme factor of yeast. Biochemic. J. **32**, 1200 (1938).
— and L. H. STICKLAND: Studies on reversible dehydrogenase systems. 1. Mitt. The reversibility of the dehydrogenase system of bact. coli. Biochemic. J. **28**, 898 (1934).
GUILLAUMIE, M.: Détermination du titre antitoxiqué des sérums antiperfringens A, antivibrion septique, anti-histolytique et anti-oedematiens. Préparation, titrage et propriétés des toxines correspondantes (2e mémoire). Contribution á l'étude de la toxine du B. perfringens A toxinogenese dans différents milieux. Ann. Inst. Pasteur **66**, 329 (1941).
GUZMANN BARRON, E. S. and C. M. LYMAN: Studies on biological oxidations. XI the metabolism of pyruric acid by animal tissues and bacteria. J. of biol. Chem. **127**, 143 (1939).
GYÖRGIY, P.: Wachstum, Aufbau, Stoffwechsel und Ernährung des gesunden Säuglings. Handbuch der Kinderheilkunde, herausgeg. von PFAUNDLER-SCHLOSSMANN, 4. Aufl., Bd. I, S. 324.
HABER, F. u. R. WILLSTÄTTER: Unpaarigkeit und Radikalketten im Reaktionsmechanismus organischer und enzymatischer Vorgänge. Ber. dtsch. chem. Ges. **64**, 2844 (1931)
HAJÒS, K.: Beiträge zur Frage der wachstumhemmenden Wirkung von Bouillonkulturen. Zbl. Bakter. I Orig. **88**, 583 (1922).
HAMMERL, H.: Ein Beitrag zur Züchtung der Anaeroben. Zbl. Bakter. I Orig. **30**, 658 (1901).
HAND, D. B.: Peroxidase. A comparison with other ironporphyrin catalysts in cells. Erg. Enzymforsch. **2**, 272 (1933).
HARRISON, D. C.: (1) The catalytic action of traces of iron on the oxydation of cysteine and glutathione. Biochemic. J. **18**, 1009 (1924).

HARRISON, D. C.: (2) The catalytic action of traces of iron and copper on the anaerobic oxydation of sulphydril compounds. Biochemic. J. 21, 335 (1927).
HATA, S.: Über eine einfache Methode zur aerobischen Kultivierung der Anaeroben, mit besonderer Berücksichtigung ihrer Toxinproduktion. Zbl. Bakter. I Orig. 46, 339 (1908).
HAWORTH, W. N.: Die Konstitution der Ascorbinsäure. J. Soc. chem. Ind. 52, 482 (1933).
— and E. L. HIRST: Synthese von Ascorbinsäure. J. Soc. chem. Ind. 52, 645 (1933).
— u. Mitarb.: Synthesis of d- and of l-ascorbic acid and of analogous substances. J. chem. Soc. Lond. 1933, 1419.
HELLERMANN, L., M. E. PERKINS and W. M. CLARK: Urease activity as influenced by oxidation and reduction. Proc. nat. Acad. Sci. U.S.A. 19, 855 (1933).
HELMHOLTZ: Über das Wesen der Fäulnis und Gährung. Arch. f. Anat. u. Physiol. 1843, 453.
HERBERT, R. W., E. L. HIRST, E. G. V. PERCIVAL, F. SMITH and R. J. W. REYNOLDS: The constitution of ascorbic acid. J. chem. Soc. Lond. 1933, 1270.
HERMANN, S. u. N. FODOR: C-Vitamin (l-Ascorbinsäure-) Bildung durch eine Symbiose von Essigbakterien und Hefen. Biochem. Z. 276, 323, (1935).
HESSE, W.: (1) Über die gasförmigen Stoffwechselprodukte beim Wachstum der Bakterien. Z. Hyg. 15, 17 (1893).
— (2) Über den Einfluß der Alkaleszenz des Nährbodens auf das Wachstum der Bakterien. Z. Hyg. 15, 183 (1893).
— (3) Über die Beziehungen zwischen Kuhmilch und Cholerabazillen. Z. Hyg. 17, 189 (1894).
— (4) Über Gasaufnahme und -abgabe von Kulturen des Pestbazillus. Z. Hyg. 25, 477 (1897).
— (5) Über den Ursprung der in Kulturgläsern auftretenden Kohlensäure. Arch. f. Hyg. 28, 307 (1897).
HEWITT, L. F.: Oxydation-reduction potentials in bacteriology and biochemistry. London 1936.
HIBLER, E. v.: Beiträge zur Kenntnis der durch anaerobe Spaltpilze erzeugten Infektionskrankheiten der Tiere und des Menschen sowie zur Begründung einer genauen bakteriologischen und pathologisch-anatomischen Differentialdiagnose dieser Prozesse. Zbl. Bakter. I Orig. 25, 602 (1899).
HILBERT, P.: Über die Steigerung der Giftproduktion der Diphtheriebazillen bei Symbiose mit Streptokokken. Z. Hyg. 29, 157 (1895).
HOLTZ, P. u. W. KOECH: Vom Wirkungsmechanismus der Ascorbinsäure. Klin. Wschr. 1942 I, 169.
HOPKINS, F. G. and M. DIXON: On glutathione. 2. Mitt. A thermostable oxidation-reduction system. J. of biol. Chem. 54, 527 (1922).
— and E. J. MORGAN: Sone relations between ascorbic acid and glutathione. Biochemic. J. 30, 1446 (1936).
ILLÉNYI, A.: Respirationsapparat für Bakterienkulturen. Biochem. Z. 295, 117 (1937).
— u. G. BERENSCI: (1) Untersuchungen über den Stoffwechsel von Bac. prodigiosus auf Kohlehydrat und Eiweiß enthaltenden Nährböden. Biochem. Z. 297, 46 (1938).
— — (2) Über die Ascorbinsäurebildung des Bac. prodigiosus. Biochem. Z. 298, 298 (1938).
— — (3) Über die Wirkung der Xylose auf den Bakterienstoffwechsel. Biochem. Z. 298 301 (1938).
— u. K. H. BÜSING: Neue Züchtungsverfahren für Anaerobier unter Verwendung von l-Ascorbinsäure und anderen reduzierenden Stoffen. Zbl. Bakter. I Orig. 144, 72 (1939).
JUSATZ, H. J.: Vitamine und Infektionen. Ärztl. Rdsch. 1934, 336.
KABRHEL, G.: Zur Frage der Züchtung anaerober Bakterien. Zbl. Bakter. I Orig. 25, 555 (1899).
KALKBRENNER: Beiträge zur Biologie des Influenzabazillus. Zbl. Bakter. I Orig. 87, 277 (1921).
KARRER, P.: Über die Chemie der Flavine. Erg. Vitamin- u. Hormonforsch. 2, 381 (1939) (Lit.).
— H. v. EULER u. H. HELLSTRÖM: Zur Kenntnis des C-Vitamins. Sv. vet. Akad. Ark. Kem., Miner. Geol. 11, Nr 6 (1933).
— P. FREI u. H. MEERWEIN: Zur Konstitution der Lactoflavinphosphorsäure aus Leber. Helvet. chim. Acta 20, 79 (1937).

KARRER, P., P. FREI, B. H. RINGIER u. H. BENDAS: Lactoflavin-phosphorsäure-Adeninnucleotid aus Leber und das Co-Ferment der d-Alanin-Dehydrase. Helvet. chim. Acta 21, 826 (1938).
— u. B. H. RINGIER: Reduktionswirkungen des N-Glucosido-o-Dihydronicotinsäure-amids und analoger Verbindungen. Helvet. chim. Acta 20, 622 (1937).
— H. SALOMON, R. MORF u. K. SCHÖPP: Zur Kenntnis des antiskorbutischen Vitamins (Vitamin C, Ascorbinsäure). Biochem. Z. 258, 4 (1933).
— G. SCHWARZENBACH, F. BENZ u. U. SOLMSSEN: Über Reduktionsprodukte des Nicotinsäure-amid-jodmethylats. Helvet. chim. Acta 19, 811 (1936).
KARSTRÖM, H.: (1) Über die Enzymbildung in Bakterien. Ann. Acad. Sci. Fennicae (A) 33, Nr 2 (1931).
— (2) Enzymatische Adaptation bei Mikroorganismen. Erg. Enzymforsch. 7, 350 (1938).
KASHIDA, K.: Differenzierung der Typhusbazillen vom Bacterium coli commune durch die Ammoniakreaktion. Zbl. Bakter. I Orig. 21, 802 (1897).
KEDROWSKI, W.: Über die Bedingungen, unter welchen anaerobe Bakterien auch bei Gegenwart von Sauerstoff existieren können. Z. Hyg. 20, 358 (1895).
KEILIN, D.: On cytochrome, a respiratory pigment, common to animals, yeast and higher plants. Proc. roy. Soc. Lond. (B) 98, 312 (1925).
— and E. F. HARTREE: (1) Cytochrome oxidase. Nature (Lond.) 141, 870 (1938).
— — (2) On the mechanism of the decomposition of hydrogen-peroxide by catalase. Proc. roy. Soc. Lond. (B) 124, 397 (1938).
— — (3) Cytochrome oxidase. Proc. roy. Soc. Lond. (B) 125, 171 (1938).
— and T. MANN: (1) Polyphenol oxidase purification, nature and properties. Proc. roy. Soc. Lond. (B) 125, 187 (1938).
— — (2) Laccase, a blue copper-protein oxidase from the Latex of Rhus succedanea. Nature (Lond.) 143, 23 (1939).
KELLIE, A. E. and S. S. ZILVA: The catalytic action of ascorbic acid. Biochemic. J. 29, 1028 (1935).
KERTÉSZ, Z. I.: Observations on the system ascorbic acid — glutathione — ascorbic acid oxydase. Biochemic. J. 32, 621 (1938).
— R. B. DEARBORN and G. L. MACK: Vitamin C in vegetables. 4. Mitt. Ascorbic acid oxidase. J. of biol. Chem. 116, 717 (1936).
KING, C. G. and W. A. WAUGH: The chemical nature of vitamin C. Science (N. Y.) 75, 357 (1932).
KIRCHNER, O.: Weitere Untersuchungen zur bioskopischen Reduktionsmethode als Mittel zum Studium der Lebensvorgänge der Bakterien, der Abhängigkeit der Restreduktion und des Katalasegehalts der Bakterien von bestimmten Faktoren. Z. Immunforsch. 52, 108 (1927).
KITASATO, S. u. TH. WEYL: Zur Kenntnis der Anaeroben I, II u. III. Z. Hyg. 8, 41, 404 (1890); 9, 97 (1891).
KITT, TH.: Die Züchtung des Rauschbrandbazillus bei Luftzutritt. Zbl. Bakter. I Orig. 17, 168 (1895).
KLODT, W. u. B. STIEB: Über die Oxydationsgeschwindigkeit natürlichen und synthetischen C-Vitamins unter der Einwirkung der üblichen Nahrungsmittelzubereitung und -konservierung. Arch. f. exper. Path. 188, 21 (1937).
KNÖLL, H.: Über Bakterienfiltration. Erg. Hyg. 24, 266 (1941).
KÖSTER, H. u. TH. BERSIN: Über die Schweinenierenphosphatase. Hoppe-Seylers Z. 231, 153 (1935).
KORCZYNSKI, L. v.: Über den Einfluß der Tuberkelbazillengifte auf Wachstum und Giftigkeit anderer Bakterien, speziell das Bacterium coli commune. Wien. klin. Wschr. 1905 I, 29.
KOTAKE, Y. u. M. NISHIGAKI: Über Vitamosazon. Hoppe-Seylers Z. 219, 224 (1933).
KRAMER, G.: Beiträge zum sofortigen Nachweis von Oxydations- und Reduktionswirkungen der Bakterien auf Grund der neuen Methode von W. H. SCHULTZE. Zbl. Bakter. I Orig. 62, 394 (1912).
KREBS, H. A.: (1) Versuche über die proteolytische Wirkung des Papains. Biochem. Z. 220, 289 (1930).
— (2) Über die Proteolyse der Tumoren. Biochem. Z. 238, 174 (1931).

KREBS, A. H.: (3) The role of fumarate in the respiration of Bacterium coli commune. Biochemic. J. **31**, 2095 (1937).
— and W. A. JOHNSON: The role of citric acid in intermediate metabolism in animal tissues. Enzymologia (Haag) **4**, 148 (1937).
KU, Y. T.: On the oxidation of ascorbic acid. Kitasato Arch. exper. Med. **15**, 80 (1938).
KUBOWITZ, F.: (1) Chemische Zusammensetzung der Kartoffeloxydase. Biochem. Z. **292**, 221 (1937).
— (2) Spaltung und Resynthese der Polyphenoloxydase und des Hämocyanins. Biochem. Z. **299**, 32 (1038).
KUHN, R. u. P. DESNUELLE: Über die Bindung von Silberionen durch das gelbe Ferment und dessen Eiweißkomponente. Hoppe-Seylers Z. **251**, 23 (1938).
— P. GYÖRGYI u. TH. WAGNER-JAUREGG: Lactoflavin, der Farbstoff der Molke. Ber. dtsch. chem. Ges. **66**, 1034 (1933).
— H. RUDY u. TH. WAGNER-JAUREGG: Lacto-flavin (Vitamin B_2). Ber. dtsch. chem. Ges. **66**, 1950 (1933).
LACHOWICZ, B.: Zit. nach NENCKI und LACHOWICZ.
LAKI, K.: Über die Rolle der zweiten COOH-Gruppe bei der enzymatischen Hydrierung der Oxalessigsäure. Hoppe-Seylers Z. **249**, 57 (1937).
LAQUEUR, E.: Über den Einfluß von Gasen, im besonderen von Sauerstoff und Kohlensäure, auf die Autolyse. 5. Mitt. Autolyse und Stoffwechsel. Hoppe-Seylers Z. **79**, 82 (1912).
LIEFMANN, H.: (1) Über das scheinbar aerobe Wachstum anaerober Bakterien. Münch. med. Wschr. **1907**, Nr 17.
— (2) Ein einfaches Verfahren zur Züchtung und Isolierung anaerober Keime. Zbl. Bakter. I Orig. **46**, H. 4 (1908).
LINDERSTRÖM-LANG, K.: Enzymatische Adaptation. Handbuch der Enzymologie, herausgeg. von NORD u. WEIDENHAGEN, Bd. 2, S. 1121. Leipzig 1940.
LOHMANN, K.: Notiz über das Verhalten der Phosphatase in Gegenwart von Glutathion und Monojodessigsäure. Biochem. Z. **262**, 157 (1933).
LUERSSEN, A.: Beiträge zur Biologie des Influenzabazillus. Zbl. Bakter. I Orig. **35**, 434 (1904).
LYNEN, F. u. W. FRANKE: Zur Kenntnis der Co-Enzymspezifität von Dehydrasen. 1. Mitt. Malico- und Gluco-Dehydrase. Hoppe-Seylers Z. **270**, 271 (1941).
MAASSEN, A.: (1) Die biologische Methode GOSIOS zum Nachweis des Arsens und die Bildung organischer Arsen-, Selen- und Tellurverbindungen durch Schimmelpilze und Bakterien Arb. ksl. Gesdh.amt **18**, 475 (1902).
— (2) Über das Reduktionsvermögen der Bakterien und über reduzierende Stoffe in pflanzlichen und tierischen Zellen. Arb. ksl. Gesdh.amt **21**, 377 (1904).
MACMUNN, C. A.: (1) Researches on myohaematin and the histohaematins. Philos. Trans. roy. Soc. Lond. **177**, 267 (1886).
— (2) Further observations on myohaematin and the histohaematins. J. of Physiol. **8**, 51 (1887).
— (3) Über das Myohaematin. Hoppe-Seylers Z. **13**, 497 (1889).
MACNAIR SCOTT, R. J.: Notiz über eine Experimentaluntersuchung über die gegenseitige Wirkung zwischen Staphylokokkus aureus und Hefe. Zbl. Bakter. I Orig. **28**, 420 (1900).
MANTEUFEL, P.: Über Anaerobenzüchtung. Zbl. Bakter. I Orig. **89**, 248 (1922).
MARKS, G. W.: The effect of glutathione and other substances on the inactivation of catalases. J. of biol. Chem **115**, 299 (1936).
MARTIUS, C.: Die tierische Gewebsatmung. Erg. Enzymforsch. **8**, 247 (1939).
MASCHMANN, E.: Über Proteinasen und Peptidasen anaerober Bakterien. Zbl. Bakter. I Orig. **144**, 116 (1939).
MAWSON, C. A.: The influence of animal tissues on the oxidation of ascorbic acid. Biochemic. J. **29**, 569 (1935).
MENDIVE, J. R. u. V. DEULEFOU: Ascorbinsäure in inneren Drüsen. Isolierung aus Hypophyse. Hoppe-Seylers Z. **236**, 208 (1935).
MEYERHOF, O.: Untersuchungen zur Atmung getöteter Zellen. 2. Mitt. Der Oxydationsvorgang in getöteter Hefe und Hefeextrakt. Pflügers Arch. **170**, 367 (1918).
— u. FINKLE: Über die Beziehungen des Sauerstoffs zur bakteriellen Milchsäuregärung. Chem. der Zellen u. Gewebe **12**, 157 (1925).
— u. P. OHLMEYER: Über die Rolle der Co-Zymase bei Milchsäurebildung im Muskelextrakt. Biochem. Z. **290**, 334 (1937).

MEYERHOF, O., P. OHLMEYER u. W. MÖHLE: (1) Über die Koppelung zwischen Oxydoreduktion und Phosphatveresterung bei der anaeroben Kohlehydratspaltung. 1. Mitt. Die Reaktionsgleichungen der Koppelung. Biochem. Z. **297**, 90 (1938).
— — — (2) Über die Koppelung zwischen Oxydoreduktion und Phosphatveresterung bei der anaeroben Kohlehydratspaltung. 2. Mitt. Die Koppelung als Gleichgewichtsreaktion. Biochem. Z. **297**, 113 (1938).
— — W. GENTNER u. H. MAIER-LEIBNITZ: Studium der Zwischenreaktionen der Glykolyse mit Hilfe von radioaktivem Phosphor. Biochem. Z. **298**, 396 (1938).
— W. SCHULZ u. PH. SCHUSTER: Über die enzymatische Synthese der Kreatinphosphorsäure und die biologische „Reaktionsform" des Zuckers. Biochem. Z. **293**, 309 (1937).
MEZZADROLI, G. u. V. VICENTINI: Einfluß einiger Verbindungen, die die Sulfhydrylgruppe enthalten (Cystein, Cystin und Glutathion), auf die Zellvermehrung von Saccharomyces cerevisiae. Bull. Assoc. Chimistes **54**, 929 (1937).
MICHAELIS, L.: Das Methylenblau und seine Zersetzungsprodukte. Zbl. Bakter. I Orig. **29**, 763 (1901).
MICHEEL, F.: Zur Kenntnis des Vitamins C. Naturwiss. **21**, 63 (1933).
— u. K. KRAFT: (1) Die Konstitution des Vitamin C. V. Mitt. Hoppe-Seylers Z. **216**, 233 (1933).
— — (2) Die Konstitution des Vitamin C. 5. Mitt. Hoppe-Seylers Z. **218**, 280 (1933).
— — (3) Die Konstitution des Vitamin C. 8. Mitt. Hoppe-Seylers Z. **222**, 235 (1933).
— — (4) Eine Synthese des Vitamins C. Naturwiss. **22**, 205 (1934).
— u. W. LOHMANN: Eine Synthese des Vitamins C. Hoppe-Seylers Z. **225**, 13 (1934).
MOLL, TH. u. H. WIETERS: Untersuchungen über Dehydroascorbinsäure. Mercks Jber. **1936**.
MORAWITZ, P.: Pathologische Hautpigmentierung und „Pigmentvitamine". Klin. Wschr. **1934 I**, 321.
MÜLLER, A.: Die Abhängigkeit des Verlaufs der Sauerstoffzehrung in natürlichen Wässern und künstlichen Nährlösungen vom Bakterienwachstum. Arb. ksl. Gesdh.-Amt **38**, 294 (1911).
MÜLLER, F.: (1) Über reduzierende Eigenschaften der Bakterien. Zbl. Bakter. I Orig. **26**, 51 (1899).
— (2) Über das Reduktionsvermögen der Bakterien. Zbl. Bakter. I Orig. **26**, 801 (1899).
MYRBÄCK, K.: Über Verbindungen einiger Enzyme mit inaktivierenden Stoffen. Hoppe-Seylers Z. **158**, 160 (1926).
V. NÄGELI: Theorie der Gärung. München 1879.
NAKAMURA, H.: (1) Über die Photosynthese bei der schwefelfreien Purpurbakterie Rhodobacillus palustris. Beiträge zur Stoffwechselphysiologie der Purpurbakterien. Acta phytochim. (Tokyo) **9**, 189 (1937).
— (2) Über die Rolle der Hydrogenase im Stoffwechsel von Rhodobacillus palustris. 4. Mitt. Beiträge zur Stoffwechselphysiologie der Purpurbakterien. Acta phytochim. (Tokyo) **10**, 259 (1938).
— (3) Hydroperoxyd und bakterielles Leuchten. Acta phytochim. (Tokyo) **11**, 159 (1939).
NEISSER, M.: Über die Symbiose des Influenzabacillus. Dtsch. med. Wschr. **1903**, Nr 26.
— u. F. WECHSBERG: (1) Über eine neue einfache Methode zur Beobachtung von Schädigungen lebender Zellen und Organismen (Bioskopie). Münch. med. Wschr. **1900**, Nr 37.
— — (2) Über das Staphylotoxin. Z. Hyg. **36**, 299 (1901).
NENCKI, M.: (1) Über die Lebensfähigkeit der Spaltpilze bei fehlendem Sauerstoff. J. prakt. Chem., N. F. **19**, 337 (1879).
— (2) Beitrag zur Biologie der Spaltpilze. 1880.
— u. B. LACHOWICZ: Die Anaerobiosefrage. Pflügers Arch. **33** (1884).
NEUBERG, C.: (1) Über die Zerstörung von Milchsäurealdehyd und Methylglyoxal durch tierische Organe. Biochem. Z. **49**, 502 (1913).
— (2) Weitere Untersuchungen über die biochemische Umwandlung von Methylglyoxal in Milchsäure nebst Bemerkungen über die Entstehung der verschiedenen Milchsäuren in der Natur. Biochem. Z. **51**, 484 (1913).
NISSLE: Über die Grundlagen einer neuen ursächlichen Bekämpfung der pathologischen Darmflora. Dtsch. med. Wschr. **1916**, Nr 39.
NOVY, F. G.: Die Kultur anaerober Bakterien. Zbl. Bakter. I Orig. **14**, 581 (1893).

OBERSTADT: Ein Beitrag zur Kenntnis der reduzierenden Wirkungen der Bakterien. Z. Hyg. 75, 1 (1913).
OGSTON, F. J. and D. E. GREEN: The mechanism of the reaction of substrates with molecular oxygen. 1. u. 2. Mitt. Biochemic. J. 29, 1983, 2005 (1935).
OHLE, H.: δ-Gluco-saccharosonsäure. 3. Mitt. Phenyl-hydrazin-Verbindungen. Ber. dtsch. chem. Ges. 67, 1750 (1934).
O'KANE, D. J.: The synthesis of riboflavin by staphylococci. J. Bacter. 41, 441 (1941).
ONSLOW, M. W. and M. E. ROBINSON: Oxidising enzymes. 10. Mitt. The relationship of oxigenase to tyrosinase. Biochemic. J. 22, 1327 (1918).
PASTEUR, L.: (1) Animalcules infusoires vivant sans gaz oxygéne libre et déterminant des fermentations. C. r. Acad. Sci. Paris 52, 344 (1862).
— (2) Experiences et vues nouvelles sur la nature des fermentations. C. r. Acad. Sci. Paris 52, 1260 (1862).
— (3) Nouvel example de fermentation déterminées par des animalcules infusoires, pouvant vivre sans gaz oxygène libre, et en dehors de tout contact avec l'air de l'athmosphère. C. r. Acad. Sci. Paris 56, 416 (1863).
— (4) Examen dù rôle attribué au gaz oxygène atmosphérique dans la destruction des matières animales et végétales aprés la mort. C. r. Acad. Sci. Paris 56, 734 (1863).
— (5) Recherches sur la putréfaction. C. r. Acad. Sci. Paris 56, 1189 (1863).
— (6) Faites nouveaux pour servir à la connaissance de la théorie des fermentations proprement dites. C. r. Acad. Sci. Paris 75, 784 (1872).
— (7) Nouvelles observations sur la nature de la fermentation alcoolique. C. r. Acad. Sci. Paris 80, 452 (1875).
— (8) Études sur la Bière. Paris 1876.
PETRUSCHKY, J.: Bakterio-chemische Untersuchungen. Zbl. Bakter. I Orig. 6, 675 (1889).
PFANKUCH, E.: (1) Enzymatische Reduktion von Dehydro-ascorbinsäure. Naturwiss. 22, 821 (1934).
— (2) Über die Phosphatase der Kartoffel und der Zuckerrübe. Hoppe-Seylers Z. 241, 34 (1936).
PFANNENSTIEL, W.: Vitamine als Heilstoffe. Klin. Wschr. 1935 II, 1701.
PRINGSHEIM, H.: (1) Die chemische Anpassung der Mikroorganismen. Naturwiss. 7, 319 (1919).
— (2) Über die gegenseitige Schädigung und Förderung von Bakterien. Zbl. Bakter. II Orig. 51, 72 (1920).
QUASTEL, J. H. and M. STEPHENSON: (1) Further observations on the anaerobic growth of bacteria. Biochemic. J. 19, 660 (1925).
— — (2) Experiments on „strict" anaerobes. 1. Mitt. The relationship of B. sporogenes to oxygen. Biochemic. J. 20, 1125 (1926).
RAPER, H. S.: (1) The aerobic oxidases. Physiologic. Rev. 8, 245 (1928).
— (2) Tyrosinase. Erg. Enzymforsch. 1, 270 (1932).
REICHSTEIN, T., A. GRÜSSNER u. R. OPPENAUER: (1) Synthesis of d- and l-ascorbic acid (vitamin C). [Resultat der Arbeit: REICHSTEIN, GRÜSSNER u. OPPENAUER (2).] Nature (Lond.) 132, 280 (1933).
— — — (2) Synthese der d- und l-Ascorbinsäure (C-Vitamin). Helvet. chim. Acta 16, 1019 (1933).
REID, A.: Das sauerstoffübertragende Ferment der Atmung. Erg. Enzymforsch. 1, 325 (1932).
VAN DER REIS: Der Antagonismus zwischen Koli- und Diphtheriebazillen und der Versuch einer praktischen Nutzanwendung. Z. exper. Med. 30, 1 (1922).
REISS: Zit nach TH. BERSIN: Kurzes Lehrbuch der Enzymologie. Leipzig 1938.
REUTER, D.: Über oxydierende und reduzierende Fermentwirkungen usw. Inaug.-Diss. Berlin 1937.
RHEIN, M.: Die diagnostische Verwertung der durch Bakterien hervorgerufenen Indophenolreaktion. Dtsch. med. Wschr. 1917 I, 871.
RICHTER, D.: The action of inhibitors on the catechol oxidase of potatoes. Biochemic. J. 28, 901 (1934).
RIEMER: Beitrag zur Kenntnis des Stoffwechsels des Micrococcus pyogenes aureus. Arch. f. Hyg. 71, 131 (1909).
RIVAS, D.: Ein Beitrag zur Anaerobenzüchtung. Zbl. Bakter. I Orig. 32, 831 (1902).

Rosin, H.: Eine Methode zur Bestimmung der reduzierenden Kraft des Harns, des Blutes und anderer Körperflüssigkeiten. Münch. med. Wschr. **1899** II, 1456.
Rothberger, C. J.: Differentialdiagnostische Untersuchungen mit gefärbten Nährböden. Zbl. Bakter. I Orig. **24**, 513 (1898); **25**, 15, 69 (1899).
Rozsahegyi, A. v.: Über das Züchten von Bakterien in gefärbter Nährgelatine. Zbl. Bakter. I Orig. **2**, 418 (1887).
Rubner, M.: (1) Energieverbrauch im Leben der Mikroorganismen. Arch. f. Hyg. **48**, 260 (1904).
— (2) Energieumsatz im Leben einiger Spaltpilze. Arch. f. Hyg. **57**, 193 (1906).
Rywocz, D.: Katalyse des H_2O_2 durch Bakterien. Przegl. epidem. (poln.) **1**, 525 (1921).
Sakuma, S.: Über die sogenannte Autoxydation des Cysteins. Biochem. Z. **142**, 68 (1923).
Sanarelli, J.: a) Etiologie et pathogénie de la fièvre jaune. b) Etiologie et pathogénie de la fièvre jaune, 2e Mémoire. c) L'immunité et la sérotherapie de la fièvre jaune. Ann. Inst. Pasteur **1897**.
Schäffner, A. u. E. Bauer: Über den Einfluß von Sulfhydrilgruppen auf Phosphatase verschiedener Herkunft. Hoppe-Seylers Z. **225**, 245 (1934).
— u. H. Berl: Über die Phosphorylierungssysteme der alkoholischen Gärung. (5. Mitt. über die Enzyme der Gärung.) Hoppe-Seylers Z. **238**, 111 (1938).
Schardinger, F.: Oxydoreduktion. Z. Nahrgs. u. Genußmittel 5, 1103 (1902).
Schittenhelm, A. u. F. Schroeter: (1) Über die Spaltung der Hefenucleinsäure durch Bakterien. 2. u. 3. Mitt. Hoppe-Seylers Z. **40**, 62, 70 (1903).
— — (2) Gasbildung und Gasatmung von Bakterien. Zbl. Bakter. I Orig. **35**, 146 (1904).
Schlenk, F.: (1) Säurehydrolyse der Cozymase. Naturwiss. **25**, 270 (1937).
— (2) Die Einwirkung von Phosphoroxychlorid auf Co-Zymase. Naturwiss. **25**, 668 (1937).
— u. H. v. Euler: Cozymase. Naturwiss. **24**, 794 (1936).
Schönbein, C. F.: (1) Über das Verhalten der Blausäure zu den Blutkörperchen und den übrigen organischen das Wasserstoffsuperoxyd katalysierenden Materien. Z. Biol. **3** 140 (1867).
— (2) Beiträge zur physiologischen Chemie. Z. Biol. **3**, 325 (1867).
Scholtz, W.: Über das Wachstum anaerober Bakterien bei ungehindertem Luftzutritt. Z. Hyg. **27**, 132 (1898).
Schultze, W. H.: Über eine neue Methode zum Nachweis von Reduktions- und Oxydationswirkungen der Bakterien. Zbl. Bakter. I Orig. **56**, 544 (1910).
Sirotinin: Über die entwicklungshemmenden Stoffwechselproducte der Bacterien und die sogenannte Retentionshypothese. Z. Hyg. **4**, 262 (1888).
Smith, Th.: (1) Über die Bedeutung des Zuckers in Kulturmedien für Bakterien. Zbl. Bakter. I Orig. **18**, 1 (1895).
— (2) Reduktionserscheinungen bei Bakterien und ihre Beziehungen zur Bakterienzelle nebst Bemerkungen über Reduktionserscheinungen in steriler Bouillon. Zbl. Bakter. I Orig. **19**, 181 (1896).
— (3) Über Fehlerquellen bei Prüfung der Gas- und Säurebildung der Bakterien und deren Vermeidung. Zbl. Bakter. I Orig. **22**, 45 (1897).
Snell, F. E., F. M. Strong and W. H. Peterson: Growth factors for bacteria. 8. Mitt. Pantotenic and nicotinic acids as essential growth factors for lactic and propionic acid bacteria. J. Bacter. **38**, 293 (1939).
Spina, A.: Bakteriologische Versuche mit gefärbten Nährsubstanzen. Zbl. Bakter. I Orig. **2**, 71 (1887).
Spörri, H.: Untersuchungen über die Atmung aerober und anaerober Bakterien. Inaug.-Diss. Zürich 1936.
Stapp, C.: Weitere Beiträge zur Kenntnis der Bakterienfermente. Zbl. Bakter. I Orig. **92**, 161 (1924).
Stephenson, M.: Formic hydrogenlyase. Erg. Enzymforsch. **6**, 139 (1937).
— u. L. H. Stickland: (1) Hydrogenase: A bacterial enzyme, activating molecular hydrogen. 1. Mitt. The properties of the enzyme. Biochemic. J. **25**, 205 (1931).
— — (2) Hydrogenase. 2. Mitt. The reduction of sulphate to sulphide by molecular hydrogen. Biochemic. J. **25**, 215 (1931).
— — (3) Hydrogenlyasis. 3. Mitt. Further experiments on the formation of formic hydrogenlyase by bacterium coli. Biochemic. J. **27**, 1528 (1933).

STERN, K. G.: Über die Hemmungstypen und den Mechanismus der katalytischen Rk. 3. Mitt. Hoppe-Seylers Z. **209**, 176 (1932).
STOKLASA, J.: Methoden zur Bestimmung der Atmungsintensität der Bakterien im Boden. Zbl. Bakter. II Ref. **35**, 336 (1912).
STOTZ, E., C. J. HARRER and C. G. KING: A study of „ascorbic acid oxidase" in relation to copper. J. of biol. Chem. **119**, 511 (1937).
STRAUB, F. B.: (1) Coenzyme of the d-amino-acid oxydase. Nature (Lond.) **141**, 603 (1938).
— (2) 8. Mitt. Beitrag zur Existenz der Ascorbinsäureoxydase. Hoppe-Seylers Z. **254**, 205 (1938).
STUTZER: Die Darmflora bei Cholera. Zbl. Bakter. I Ref. **74**, 31 (1923).
SUTTER, H.: Polyphenol-Oxydase. Erg. Enzymforsch. **5**, 273 (1936).
SZENT-GYÖRGYI, A. v.: (1) Observations on the function of peroxidase systems and the chemistry of the adrenal cortex. Description of a new carbohydrate derivative. Biochemic. J. **22**, 1387 (1928).
— (2) Vitamin C, Adrenalin und Nebenniere. Dtsch. med. Wschr. **1932 I**, 852.
— (3) Studies on biological oxydation and some of its catalysts. Acta litt. reg. Univ. Hung. Franz-Joseph **9**, 1, Sect. Med. Budapest u. Leipzig (1937).
— and J. L. SVIRBELY: Hexuronic acid as the antiscorbutic factor. Nature (Lond.) **129**, 576 (1932).
TAKUWA, M.: Über die postmortale Veränderung des Glutathions der Gewebe und Organe. Mitt. med. Akad. Kioto **3** (1929).
TAMYIA, H. u. S. YAMAGUTCHI: Systematische Untersuchungen über das Cytochromspektrum von verschiedenen Mikroorganismen. Acta phytochim. (Tokyo) **7**, 233 (1933).
TANGL, F.: Beitrag zur Energetik der Ontogenese. 2. Mitt. Über den Verbrauch an chemischer Energie während der Entwicklung von Bakterienkulturen. Pflügers Arch. **98**, 475 (1903).
TAROZZI, G.: Über ein leicht in aerober Weise ausführbares Kulturmittel von einigen bis jetzt für strenge Anaeroben gehaltenen Keimen. Zbl. Bakter. I Orig. **38**, H. 5 (1905).
TAUBER, H. and J. S. KLEINER: Isolation, ascorbic acid oxydase. Proc. Soc. exper. Biol. a. Med. **32**, 577 (1935).
THANNHAUSER, S. J. and M. REICHEL: Studies on animal lipoids. The nature of cerebrosidase. Its relation to the splitting of polydiaminophosphatide by polydiaminophosphatase. J. of biol. Chem. **113**, 311 (1936).
——— u. Mitarb.: Studies on serum phosphatase activity. 4. Mitt. The deactivating effect of thiol compounds and bile acids on serum phosphatase activity in vitro and in vivo. J. of biol. Chem. **121**, 721 (1937).
THEORELL, A. H. T.: (1) Über die Wirkungsgruppe des gelben Ferments. Biochem. Z. **275**, 37 (1934).
— (2) Reindarstellung der Wirkungsgruppe des gelben Ferments. Biochem. Z. **275**, 344 (1934).
— (3) Das gelbe Oxydationsferment. Biochem. Z. **278**, 263 (1935).
— (4) Reines Cytochrom c. Vorläufige Mitteilung. Biochem. Z. **279**, 463 (1935).
— (5) Reines Cytochrom c. 2. Mitt. Darstellung, Eigenschaften, Ionenbeweglichkeit, Diffusion und Absorptionsspektrum des Cytochroms c. Biochem. Z. **285**, 207 (1935).
— (6) KEILINS cytochrome c and the respiratory mechanism of WARBURG and CHRISTIAN. Nature (Lond.) **138**, 687 (1936).
— (7) Die physiologische Reoxydation des reduzierten gelben Ferments. Biochem. Z. **288**, 317 (1938).
THORNTON, H. R. and E. G. HASTINGS: Studies of oxydation-reduction in milk. I. Mitt. Oxydation-reduktion potentials and the mechanism of reduction. J. Bacter. **18**, 293 (1929).
THUNBERG, T.: Zur Kenntnis der Einwirkung tierischer Gewebe auf Methylenblau. Skand. Arch. Physiol. (Berl. u. Lpz.) **35**, 163 (1918).
TILLMANS, J. u. P. HIRSCH: Über das Vitamin C. Biochem. Z. **250**, 312 (1932).
TODA, S.: Über die Wirkung von Blausäureäthylester (Äthylcarbylamin) auf Schwermetallkatalysen. Biochem. Z. **172**, 17 (1926).
TONÒ, MUNEAKI: Zit. nach BERSIN: In: Die Methoden der Fermentforschung von BAMANN und MYRBÄCK, S. 2639. Leipzig 1940.

TRENKMANN: Das Wachstum der anaeroben Bakterien. Zbl. Bakter. I Orig. **23**, 1030, 1087 (1898).
TURRÒ, R.: Über Streptokokkenzüchtung auf sauren Nährböden. Zbl. Bakter. I Orig. **17**, 864 (1895).
VESTIN, R.: Enzymatische Umwandlung von Codehydrase I in Codehydrase II. Naturwiss. **25**, 667 (1937).
— F. SCHLENK u. H. v. EULER: Ein Beitrag zur Konstitutionsermittlung der Cozymase. Isolierung des Spaltstückes Adenosin-Diphosphorsäure. Ber. dtsch. chem. Ges. **70**, 1369 (1937).
VETTER, H.: Lactoflavin. Erg. Physiol. **38**, 855 (1936).
VINES, S. H.: Tryptophane in proteolysis. Ann. of Bot. **16**, 1 (1902).
VIRTANEN, A. J. u. H. KARSTRÖM: Quantitative Enzymbestimmungen an Mikroorganismen. 1. Mitt. Der Katalasegehalt der Bakterien. Biochem. Z. **161**, 9 (1925).
VOEGTLIN, C., J. M. JOHNSON and S. M. ROSENTHAL: The oxidation catalysis of crystalline glutathione with particular reference to copper. J. of biol. Chem. **93**, 435 (1931).
WACHOLDER, K.: Untersuchungen und Überlegungen über die klinische Bedeutung eines genügenden oxydativen Umsatzes an Vitamin C. Klin. Wschr. **1940 I**, 491.
WAGNER-JAUREGG, TH. u. E. F. MÖLLER: Aktivierung der enzymatischen Dehydrierung des Alkohols durch Glutathion. Hoppe-Seylers Z. **236**, 222 (1935).
WALDSCHMIDT-LEITZ, H., A. PURR u. A. K. BALLS: Über den natürlichen Aktivator der katheptischen Enzyme. Naturwiss. **18**, 644 (1930).
— u. Mitarb.: Über den Einfluß von Sulfhydrilverbindungen auf enzymatische Prozesse. Hoppe-Seylers Z. **214**, 79 (1933).
WARBURG, O.: (1) Physikalische Chemie der Zellatmung. Biochem. Z. **119**, 134 (1921).
— (2) Oberflächenreaktionen in lebenden Zellen. Z. Elektrochem. **28**, 70 (1922).
— (3) Über die antikatalytische Wirkung der Blausäure. Biochem. Z. **136**, 266 (1923).
— (4) Über die Grundlagen der WIELANDschen Atmungstheorie. Biochem. Z. **142**, 518 (1923).
— (5) Über Eisen, den sauerstoffübertragenden Bestandteil des Atmungsferments. Biochem. Z. **152**, 479 (1924).
— (6) Über Eisen, den sauerstoffübertragenden Bestandteil des Atmungsfermentes. Ber. dtsch. chem. Ges. **58**, 1001 (1925).
— (7) Methode zur Bestimmung von Kupfer und Eisen über den Kupfergehalt des Blutserums. Biochem. Z. **187**, 255 (1927).
— (8) Atmungsferment und Oxydasen. Biochem. Z. **214**, 1 (1929).
— (9) Chemische Konstitution von Fermenten. Erg. Enzymforsch. **7**, 210 (1939).
— u. W. CHRISTIAN: (1) Ein zweites sauerstoffübertragendes Ferment und sein Absorptionsspektrum. Naturwiss. **20**, 688 (1932).
— — (2) Über das neue Oxydationsferment. Naturwiss. **20**, 980 (1932).
— — (3) Über ein neues Oxydationsferment und sein Absorptionsspektrum. Biochem. Z. **254**, 438 (1932).
— — (4) Über das gelbe Oxydationsferment. Biochem. Z. **257**, 492 (1933).
— — (5) Sauerstoffübertragendes Ferment in Milchsäurebazillen. Biochem. Z. **260**, 499 (1933).
— — (6) Über das gelbe Ferment und seine Wirkungen. Biochem. Z. **266**, 377 (1933).
— — (7) Co-Ferment der d-Aminosäure-Deaminase. Biochem. Z. **295**, 261 (1938).
— — (8) Co-Ferment der d-Alanin-Oxydase. Biochem. Z. **296**, 294 (1938).
— — (9) Isolierung der prosthetischen Gruppe der δ-Aminosäureoxydase. Biochem. Z. **298**, 150 (1938).
— u. A. KREBS: Über locker gebundenes Kupfer und Eisen im Blutserum. Biochem. Z. **190**, 143 (1927).
— u. S. SAKUMA: Über die sogenannte Autooxydation des Cysteins. Pflügers Arch. **200**, 203 (1923).
WEIDENHAGEN, R.: Beziehungen zwischen Vitamin C und enzymatischen Kohlenhydratspaltungen. Z. Wirtschaftsgr. Zuckerind. **86**, 482 (1936).
— u. PAO-CHUNG, LU: Über Beziehungen zwischen Vitamin C und enzymatischer Rohrzuckerspaltung. Z. Wirtschaftsgr. Zuckerind. **86**, 240 (1936).
WERKMAN, C. H.: Bacterial dissimilation of carbohydrates. Bacter. Rev. **3**, 187 (1939).

Wichern, H.: Quantitative Untersuchungen über die Reduktionswirkung der Typhus-Koli-Gruppe. Arch. f. Hyg. 72, 1 (1910).
Wieland, H.: (1) Hydrierung und Dehydrierung. Ber. dtsch. chem. Ges. 45, 484 (1912).
— (2) Verbrennung des Kohlenoxyds. Ber. dtsch. chem. Ges. 45, 679 (1912).
— (3) Katalytische Umwandlung von Schwefeldioxyd in Schwefelsäure. Ber. dtsch. chem. Ges. 45, 685 (1912).
— (4) Mechanismus der Oxydationsvorgänge. Ber. dtsch. chem. Ges. 45, 2606 (1912).
— (5) Mechanismus der Oxydationsvorgänge. Ber. dtsch. chem. Ges. 46, 3327 (1913).
— (6) Mechanismus der Oxydationsvorgänge. Ber. dtsch. chem. Ges. 47, 2085 (1914).
— (7) Mechanismus der Oxydationsvorgänge. Ber. dtsch. chem. Ges. 54, 2353 (1921).
— (8) Mechanismus der Oxydationsvorgänge. Ber. dtsch. chem. Ges. 55, 3639 (1922).
— (9) Über den Mechanismus der Oxydationsvorgänge. Erg. Physiol. 20, 477 (1922).
— (10) Mechanismus der Oxydation und Reduktion in der lebenden Substanz. In Oppenheimers Handbuch der Biochemie, 2. Aufl., Bd. 2, S. 252. 1923.
— u. H. J. Pistor: (1) Über das dehydrierende Enzymsystem von Acetobacter peroxydans. 1. Mitt. Über den Mechanismus der Oxydationsvorgänge XLIV. Liebigs Ann. 522, 116 (1936).
— — (2) Über das dehydrierende Enzymsystem von Acetobacter peroxydans. 2. Mitt. Über den Mechanismus der Oxydationsvorgänge XLIX. Liebigs Ann. 535, 205 (1938).
Wiggert, S. P., M. Silvermann, M. F. Utter and C. M. Werkman: Preparation of an active juice from bacteria. Iowa Stat. coll. J. Sci. 14, 179 (1940).
Willstätter, R. u. W. Grassmann: Über die Aktivierung des Papains durch Blausäure. Erste Abhandlung über pflanzliche Proteasen. Hoppe-Seylers Z. 138, 184 (1924).
— — u. O. Ambros: (1) Blausäure-Aktivierung und -Hemmung pflanzlicher Proteasen. Hoppe-Seylers Z. 151, 286 (1925/26).
— — — (2) Über die Einheitlichkeit einiger Pflanzenproteasen. Fünfte Abhandlung über pflanzliche Proteasen. Hoppe-Seylers Z. 152, 164 (1925/26).
Wohlfeil, Th.: Bakterielle Fermente und ihre Beziehungen zur Krankheitsentstehung und zum Krankheitsverlauf. Klin. Wschr. 1937 II, 1369.
Wolf, J. E.: Beiträge zur Biologie des Pfeifferschen Influenzabazillus. Mischkulturen-Mischinfektion. Zbl. Bakter. I Orig. 84, 241 (1920).
Wolff, A.: Zur Reduktionsfähigkeit der Bakterien. Zbl. Bakter. I Orig. 27, 849 (1900).
Wrzosek, A.: (1) Bemerkungen über die Züchtung von strengen Anaerobiern in aerober Weise. Münch. med. Wschr. 1906 II, 2534.
— (2) Beobachtungen über die Bedingungen des Wachstums der obligatorischen Anaeroben in aerober Weise. Zbl. Bakter. I Orig. 43, 17 (1907).
— (3) Weitere Untersuchungen über die Züchtung von obligatorischen Anaeroben in aerober Weise. Zbl. Bakter. I Orig. 44, 607 (1907).
Wund, M.: Feststellung der Kardinalpunkte der Sauerstoffkonzentration für Sporenkeimung und Sporenbildung einer Reihe in Luft ihren ganzen Entwicklungsgang durchführender sporenbildender Bakterienspezies. Zbl. Bakter. I Orig. 42, 97, 193, 289, 385, 481, 577, 673 (1906).
Yamagutchi, S.: Über die Beeinflussung der Sauerstoffatmung von verschiedenen Bakterien durch Blausäure und Kohlenoxyd. Beiträge zur Atmungsphysiologie der Bakterien. Acta phytochim. (Tokyo) 8, 157 (1934).
Yamamoto, M.: Über die Stabilisierung des Vitamins C durch Adrenalin. Hoppe-Seylers Z. 245, 266 (1936).
Yamazoye, S.: Glyoxalase and its co-enzyme. 3. Mitt. The mechanism of the action of glutathione as the co-enzyme of glyoxalase. J. of Biochem. 23, 319 (1936).
Yaoi, H. and H. Tamyia: On the respiratory pigment, cytochrome, in bacteria. Proc. imp. Acad. Tokyo 4, 436 (1928).
Yudkin, J.: (1) Hydrogenlyasis. 2. Mitt. Some factors concerned in the production of the enzymes. Biochemic. J. 26, 1859 (1932).
— (2) The effect of silver ions on some enzymes of bacterium coli. Enzymologia (Haag) 2, 161 (1937).
— (3) The dehydrogenasis of Bacterium coli. 4. Mitt. Lactic dehydrogenase. Biochemic. J. 31, 865 (1937).
— (4) Enzyme variation in micro-organisms. Biol. Rev. Cambridge philos. Soc. 13, 93 (1938).

If you have any concerns about our products,
you can contact us on
ProductSafety@springernature.com

In case Publisher is established outside the EU,
the EU authorized representative is:
**Springer Nature Customer Service Center GmbH
Europaplatz 3, 69115 Heidelberg, Germany**

Printed by Libri Plureos GmbH
in Hamburg, Germany